「100円ショップ」の
ガジェットを分解してみる!

はじめに

　ここ数年、「ダイソー」をはじめとする、いわゆる「100円ショップ」で、従来の「文房具」や「日用品」だけではなく、「電子機器」を見掛けることが増えました。

　また、最近は「100円（税別）」という枠にとらわれず、いろいろな「家電製品」や「モバイル周辺機器」「PC周辺機器」が「数百円」で販売されています。

　この「数百円」という価格は、勇気が必要だった「電子機器の分解」をちょっとだけ気軽にしてくれました。

＊

　「100円ショップ」の電子機器を分解すると、「この価格で販売できる理由」や、「安く作るための工夫」「よく使われているけど知られていない謎の部品メーカー」…といった、「いろいろな発見」があります。

＊

　本書の記事では、あまり特別な機材を使わずに「個人でできる範囲」での分解を紹介しています。

　ちょっとだけ手間をかければ、個人レベルで購入できる（1万円以下）の顕微鏡と、100円で買えるダイヤモンドヤスリを使い、「シリコンチップの表面」を見ることもできます。

　本誌で紹介しているような、「気軽に買える電子機器」を分解することで、「ものづくり」に興味をもつ人が、少しでも増えてくれたら嬉しいと思っています。

＊

　まだまだこれからも、「100円ショップ」には信じられないくらい安くて、面白くて、わくわくする「ガジェット」が登場してくると思います。

　本書を手に取って興味をもったら、見つけた「ガジェット」をどんどん分解してみて、いろいろな発見を、ぜひいろんな場所でシェアしてください。

ThousanDIY

「100円ショップ」の
ガジェットを分解してみる!

CONTENTS

はじめに ··· 3

| 第1章 | 家電のガジェット |

[1-1] 100円LED電球 ·· 8
外装の分解/「プリント基板」上の実装部品/ブロック電解コンデンサ/短絡保護用抵抗
/ブリッジ整流ダイオード/LEDドライバIC/LED

[1-2] センサ付きナイトライト ··· 15
外装の分解/ACプラグ部分/回路基板/回路構成/主要部品の仕様/回路動作

[1-3] 4WAYキッチンタイマー ··· 26
本体の分解/メインボード/回路構成/液晶パネル/角度検出スイッチ/コントローラ

| 第2章 | モバイルのガジェット |

[2-1] 自動判別機能付USB充電器 ·· 38
同梱物/本体の分解/メインボード/ブリッジダイオード(BD1) MB10F/電源制御IC(U1)
FT8783Nx/USBチャージャエミュレータ(U3) UC2635(仮)

[2-2] 500円モバイル・バッテリ ·· 47
パッケージの内容/本体の表示/制御基板/回路構成/充放電制御IC(U1) SP4566/バッテリ
保護IC(U2) DW01KA/2ch POWER MOSFET(Q1)「GTT8205S」

[2-3] ワイヤレスヘッドセット ··· 57
同梱物/本体の分解/LiPoバッテリ/メインボード/アプリケーションプロセッサ AC6919A/
スマートフォンでの確認/Windows PCでの確認

[2-4] ワイヤレスBTスピーカー ·· 65
同梱物/「BTスピーカー部」の分解/Lipoバッテリ/メインボード/「メインボード」の搭載部品
/アプリケーション・プロセッサ(AC1716AP)/オーディオ・アンプ(NS8002)/ショットキー・
バリアダイオード(SS14)/PNPトランジスタ(S8550)

[2-5] ポータブルBTスピーカー ·· 71
同梱物/本体の分解/LiPoバッテリ/メインボード/回路構成/メインプロセッサ
AS19AP21243/充電制御IC LPSBL9C1/オーディオ・パワーアンプ HAA8002B/スマート
フォンでの確認/Windows PCでの確認

| 第3章 | PC周りのガジェット |

[3-1] ワイヤレス・マウス ··· 82
外装の分解/プリント基板上の部品/Optical Mouse Sensor/マウス側:無線子基板/USBレシー
バ側:ドングル基板/使われている「チップセット」/マウス側:TLSR8510/USBレシーバ側:
TLSR8513

[3-2] USB Hub ··· 91
外装の分解/使われているケーブル/USB情報の確認/使われているチップの特定/チップの
「ブロック構成」と「回路図」/USB Hubチップ「MW7211」/基板パターンへの接続の確認

[3-3] USBタッチセンサ・ライト ·· 100
外装の分解/プリント基板上の実装部品/面発光LED/タッチ・コントロール用IC

索引 ·· 107

第 **1** 章

家電のガジェット

「100円LED電球」「センサ付きナイトライト」
「4WAYキッチンタイマー」といった、日常生活
に使うガジェットを分解します。

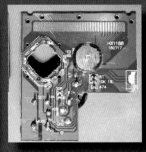

1-1　100円LED電球

2018年末にダイソーに登場した「100円LED電球」を分解します。

　ダイソーでは以前から300円（税別）で40W相当のLED電球が販売されていますが、昨年末に40W相当で100円（税別）という衝撃の価格のLED電球が発売されました。

　安全性を含め、どうやってこの価格を実現しているのかに非常に興味があり、さっそく購入して分解してみました。

■ パッケージ

以下の写真がパッケージです。

　パッケージ裏面には、主な定格、その他の表示が印刷されています。

　今回の分解対象（以降「100円品」）と従来300円で販売されていたLED電球（以降「300円品」）と比較すると、仕様上の「ルーメン値」は「300円品」と同じです。

　実際に光らせた感じも「少しだけ暗いかな？」程度で大きな差はありません。

　「定格寿命」は、「300円品」は「40000時間」に対し、「100円品」は「15000時間」と短くなっています。

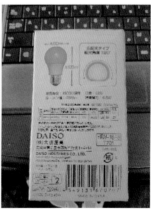

パッケージ

■ 外観の比較

　以下の写真で左側が「300円品」、右側が「100円品」です。

　写真だと分かりにくいのですが、「100円品」のほうが外形が大きく、「電球部分」の
プラスチックが少し安っぽくなっています。

外観比較

　本体には、「特定電気用品以外の電気用品」に該当する「PSEマーク」がついています。

　これは、「製造・輸入業者」（ダイソー）が自分たちで安全性を確認する「技術基準適
合確認義務」が課されている商品となります。

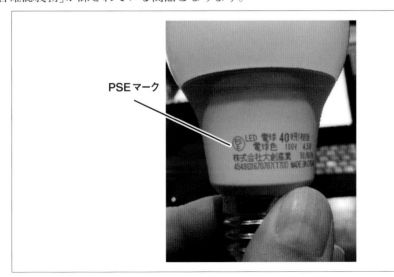

PSEマーク表示

■ 本体の分解

●外装の分解

　まずは電球部分の「プラスチック部」と「放熱部」の間から分解していきます。

　放熱用も兼ねたシリコン系の接着剤でキッチリ固定されているので、「プラスチック
部分の根元」にカッターを入れて、切り離します。

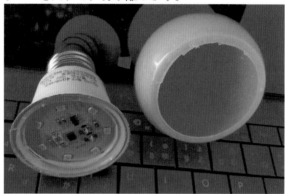

開封した本体

●「プリント基板」上の実装部品

　内部の「プリント基板」の表面に実装されている主要部品は以下です。

PCB表面

　「プリント基板」を引き出してみると、放熱を考えてきちんと「アルミ基板」が使われ
ています。

　電球としての配光を妨害しないように、「AC全波整流用」の「ブロック電解コンデン
サ」は裏面から挿し込み式のコネクタで実装しています。

　「電球ソケット」からのACラインも、裏面からコネクタに挿し込むようになってい
ます。

ACライン用のコネクタは周囲が樹脂で囲まれた絶縁タイプを使用。

電球の下の放熱部も、きちんと「アルミ・ダイキャスト」になっています。

プリント基板を引き出した状態

■回路図

プリント基板より「回路図」を起こしました。

「ACラインからLEDを光らせる」という機能としては最低限の構成です。

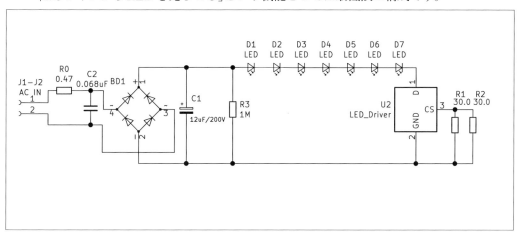

回路図

■ 主な部品

●ブロック電解コンデンサ

　全波整流用のブロック電解コンデンサは「12uF/200V」です。

　AC100Vの場合、正弦波なので、最大141Vがかかります。

　AC200V系の場合は定格を超えるので、本製品は「AC100V専用」（日本向け）の設計となっていることが分かります。

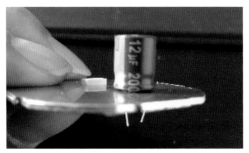

ブロック電解コンデンサ

●短絡保護用抵抗

　電球ソケットからの「黒リード」（電圧側）には、「熱収縮チューブ」に覆われた抵抗が直列に挿入されています。

　熱収縮チューブを外して確認すると、カラーコードは「黄紫銀金」（0.47Ω）となっており、実測もほぼ同じ値でした。

　この抵抗は「短絡保護」も兼ねています。

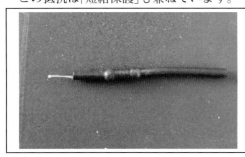
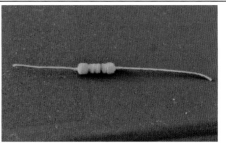

黒リードに挿入された抵抗

●ブリッジ整流ダイオード

　「AC電源」からの「全波整流」のためのブリッジ整流ダイオードの表面には「FGK LB08K」のマーキングがありますが、検索した限りでは該当するものは見つかりませんでした。

　形状からは、「ON Semiconductor」の「MBSシリーズ（https://www.onsemi.jp/pub/

Collateral/MB8S-D.PDF)」の中国製互換チップのパッケージ違い(薄型)だと推定されます。

ブリッジ整流ダイオード

●LEDドライバIC

LEDに流れる電流を制御するための「定電流ドライバIC」です。

2次側のDC電圧(約141V)に直列に接続された7個のLEDに流れる電流を一定にして輝度を安定させるための役割があります。

*

表面に「9003A H8090」のマーキングがありますが、こちらも検索した限りでは該当するものは見つかりませんでした。

形状からはBright Power Semiconductor社の「BP5131S (http://bpsemi.com.cn/uploads/file/20161212102525_562.pdf)」と機能的にはほぼ同じものだと推定されます。

ただ、DrainとCS端子の配置が逆のため、中国の激安ガジェットの部品によくある「同一機能の廉価版として別会社から供給されている部品」だと思われます。

LEDドライバIC

　LEDに流れる電流については、「BP5131S」のデータシートから、以下の式で求められます。

Iled = Vref/Rcs

　100円品の定格消費電力は4.5Wなので、AC100Vの全波整流後のDC値を約110Vと仮定して計算するとLEDに流れる電流は約40mAとなります。

　「BP5131S」のデータシートより「Vref=600mV」(typ.)、実際に基板に実装されている抵抗「Rcs=15Ω」より、計算上は「Iled=40mA」となりますので、計算上は妥当な値です。

●LED

　「LED」はサイズ実測で「SMD2835」サイズ。
　ブリッジ電解コンデンサに直接接続されての使用なので、「VF = 9V」のCree「2835 High Voltage LED（https://www.cree.com/led-components/media/documents/data-sheet-JSeries-2835-hv.pdf）」互換チップだと推定されます。

　消費電力を計算してみると、LEDは「9V×40mA = 360mW」（上記データシート上は最大定格1.0Wなので約36%）での使用となります。

　LEDドライバICはLEDでの電圧降下が「9V×7 = 63V」より、「D-CS間の電圧」は「110 - 63 = 47V」、消費電力は「47V×40mA = 1.88W」。

　放熱をきちんとしても定格ギリギリか少し超えたところで使っていると推定されます。

＊

　基板のパターンを見る限りは「1次-2次間のパターンの絶縁距離」もそれなりに確保（実測で2mm以上）し、LEDが接続されているパターンも可能な限り面積を広くとって「基板～筐体への放熱」も配慮されています。
　回路構成も電流駆動であったり、保護用の抵抗がACラインに挿入されていたりと、「あたり前の設計」となっています。

＊

　それにしても、数年前までの激安中国ガジェットと比べるとツッコミどころもほとんどなく、この価格帯の製品でも設計レベルがきちんと上がっていることは素晴らしいです。

　「高品質云々」という次元での戦いはとっくに超えて、日本はもう勝てない世界に行ってしまった感があります。

1-2　センサ付きナイトライト

　ダイソーの「LEDコーナー」で、明るさで「自動ON/OFF」する「センサ付きナイトライト」を、200円（税別）で売っているのを見つけたので、これを分解していきます。

■ 製品の外観

　パッケージは「ブリスターパック」です。

　台紙の表面には「約3ルクスで点灯、約13ルクスで消灯」と記載があります。
　台紙裏面には下の方に「MADE IN CHINA」との記載が、上の方に直接コンセントに接続して使うための「電気用品安全法適合品（PSE）」の記載があります。

　消費電力は「約1W」となっています。
　「使用上の注意」は日本語と英語の2か国語の記載です。

「PSE」の表示

■ 製品の外観

　外装はコンセントに差し込む「ACプラグ」以外は、「プラスチック」で覆われています。

　「センサ」部分も、透明の「プラスチック」で覆われて、「電子回路」部分に直接触れられない構造になっています。

　「絶縁トランス」などを使わずに、コンセントの「電圧」を直接使って回路を動作させているので、感電防止のための構造となっています。

センサ部分も「プラスチック」で覆われている

　「ACプラグ」の根本には、「黒」のスリーブがついていて、ほこりなどによる「トラッキング火災」を防止する設計になっています。

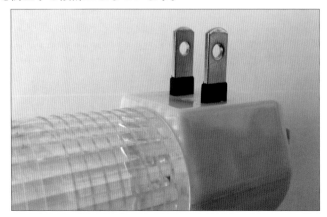

トラキング火災防止のスリーブ

　本体下部には「電気用品安全法適合品(PSE)」のシールが貼ってありました。

なお、今回入手したものはシールが2枚、重なっていました。

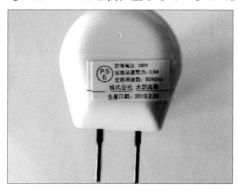

電気用品安全法適合品(PSE)シール

■ 本体の分解

●外装の分解

　外装の固定は、「ACプラグ」間の「ビス」1本だけで、これを外すことで、簡単に分解できます。

　外装を開けると、内部は「ACプラグ」部分と「片面ガラスエポキシ基板」1枚の構成になっています。

　「ACプラグ」と「回路基板」はハンダ付けされておらず、ビス固定によって基板のハンダ面と接触して導通する構造となっています。

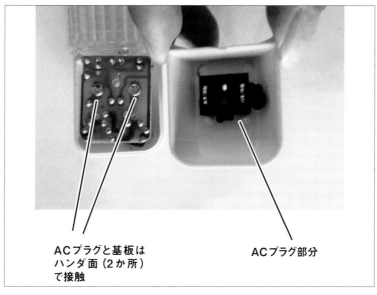

**ACプラグと基板は
ハンダ面（2か所）
で接触**

ACプラグ部分

開封した本体

●ACプラグ部分

　「ACプラグ」部分は、一体化された部品になっており、コンセントに直接挿す2枚の「金属板」を、「プラスチック」の成形品で固定した構造になっています。

*

　基板と接触する部分は、「バネ状」になっています。

　これはコンセントへの挿抜へのストレスに配慮したものでしょう。

　部品自体の仕上げはあまりよくありません。

　今回分解したものは、成形品の「バリ」が残っていました。

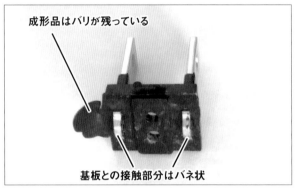

成形品はバリが残っている

基板との接触部分はバネ状

ACプラグ部分

●回路基板

　「回路基板」は「**ガラスエポキシ製**」で、パターンは片面(ハンダ面)のみです。

　電子部品は、すべてパターンとは逆の面(部品面)に実装されています。

> ※部品はすべて、「リード部品」となっています。

　「照度センサ」と「LED」は、「リード線」に「熱収縮チューブ」を被せた状態で、基板から「リード線」のままで、形品にハマる位置まで引っ張り出しています。

*

　基板上には、「回路番号」などのシルク印刷も一切なく、コスト優先の割り切った設計になっています。

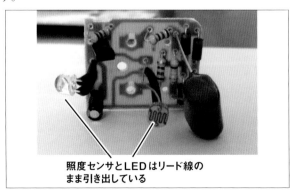

照度センサとLEDはリード線の
まま引き出している

回路基板(部品面)

　ハンダ面に部品は実装されておらず、「パターン」のみとなっており、「ACプラグ」との接触部分は基板に穴をあけて、周囲のパターンにハンダを盛って接触させる構造になっています。

　日本の設計では、ハンダ部分の経年劣化を考慮して、「ハトメ」を入れたりするケースが多いです。
　この辺は価格との関係で割り切っていると思われます。

　以下は個人的な感想ですが、商品の性格上常時コンセントに接続して使用されることが想定されるので、信頼性という面では（接触不良による発熱等の最悪を考えると）、ここを割り切るのはあまり良い設計とは言えません。

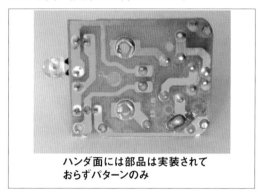

ハンダ面には部品は実装されて
おらずパターンのみ

回路基板(ハンダ面)

■　回路構成と主要部品の仕様

●回路構成

　以下は、回路基板から起こした「回路図」です。
　部品の回路番号は基板上には表示されていないのですが、以降の説明の都合上こちらで付けています。

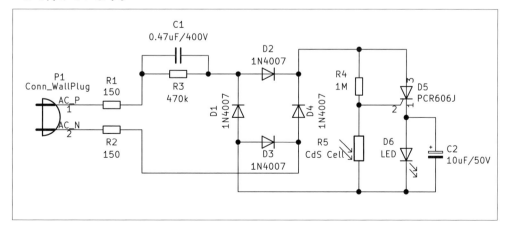

回路図

　「ACコンセント」から入力された「交流」（AC100V）は「抵抗・コンデンサ」を通って

「ブリッジ・ダイオード(D1〜D4)」で全波整流されます。

*

外部の明るさ(照度)は、「R5」の「**硫化カドミウム(CdS)セル**」で検出しています。

「CdSセル」は、当たる光の量に従って抵抗値が変化するデバイスです。

「D5」は「**サイリスタ(SCR)**」です。

「Gate」(2番端子)の電圧が「Cathode」(1番端子)に対してあるレベル以上の電圧になると、「Anode(3番端子)」〜「Cathode(1番端子)」間がON状態になります。

周囲が暗くなると「R5」の抵抗値が大きくなり、「SCR」の「Gate電圧」が上昇して、ON状態になり、「LED」が点灯します。

明るくなると、逆の現象が起き、「LED」が消灯する仕組みです。

*

「ブリッジ・ダイオード」後段には平滑用のコンデンサがなく、後述しますが「サイリスタ」を「OFF」にするために、「LED」と平行に「電解コンデンサ(C2)」がついています。

*

1つ注意しなければいけないのですが、この回路には、「AC入力」と「LED」周りの回路を絶縁するためのトランスなどは使われておらず、「全波整流」した電圧をそのまま回路動作に使っています。

そのため、コンセントに接続した状態で回路部分に触れると、感電します。

本製品が「照度センサ」部も含めて回路部分がプラスチックで触れないようになっているのは、このような理由によります。

●主要部品の仕様

パッケージのマーキング・形状および特性を実測して、使われている主要部品の仕様を調べました。

①ブリッジ・ダイオード：「1N4007」相当品

「ブリッジ・ダイオード」は、本体部分が約5mmの「アキシャルリード」(部品の横方向にリード線が出ている)の「DO-41パッケージ」。

ブリッジ・ダイオード

パッケージのマーキングは「1N4007」となっており、「**整流用ダイオード 1N4007**」であることが分かります。

　定格1000V/1Aの「パワー・ダイオード」で、オリジナルはMotorola Semiconductor製のようですが、現在では同じ型番で複数のメーカーから互換品が供給されています。

　データシートは、PANJIT Semi Conductor製のものが、秋月電子通商の製品ページから入手できます。

http://akizukidenshi.com/catalog/g/gl-00934/

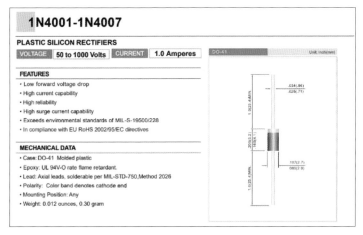

1N4007の特徴（データシートより抜粋）

②硫化カドミウム（CdS）セル：「GL5228」相当品
　「CdS」は、受光面の直径が約5mmで、「ラジアル・リードパッケージ」（部品の下方向にリードが出ているタイプ）です。

CdSセル

　外形寸法より、「GL55シリーズ」相当の「CdSセル」だと思われます。
　こちらも、同じ形状で複数のメーカーから互換品が供給されています。

　データシートは、秋月電子通商の以下の製品ページから、「参考技術資料」として入手できます。

http://akizukidenshi.com/catalog/g/gl-05886/

　「GL55 シリーズ」の「CdS セル」は、明るい環境 (10Lux) での抵抗値 (Light resistance) と、暗い環境 (0Lux) での抵抗値 (Dark resistance) の組み合わせによって、いくつかの種類に分かれています。

＊

　本製品の「CdS セル」の「抵抗値」を、室内の環境で実測した結果は以下の通りです。

・室内光 (昼間)：1.5kΩ

・暗室 1.6MΩ

　この結果と、「CdS セル」のデータシートの抵抗値のバラつき範囲より、使っている「CdS セル」は、「GL5528 相当品」であることが分かりました。

Specification	Type	Light resistance (10Lux) (KΩ)	Dark resistance (MΩ)	γ_{10}^{100}	Response time (ms) Increase	Response time (ms) Decrease	Illuminance resistance Fig. No.
Φ5 series	GL5516	5-10	0.5	0.5	30	30	2
	GL5528	10-20	1	0.6	20	30	3
	GL5537-1	20-30	2	0.6	20	30	4
	GL5537-2	30-50	3	0.7	20	30	4
	GL5539	50-100	5	0.8	20	30	5
	GL5549	100-200	10	0.9	20	30	6

GL55シリーズ一覧(データシートより抜粋)

③サイリスタ(SCR): PCR606J

　「サイリスタ」は、幅約4.5mmで3ピンの「TO-92パッケージ」。

サイリスタ

　パッケージのマーキング、「**PCR606J**」で調べたところ、Kcd Korea Semiconductors 製の「Silicon Controlled Rectifiers」(SCR, サイリスタ) でした。

　データシートは、以下より入手可能です。

http://akl.sytes.net/Reference/Diode/PDF/pcr606j.pdf

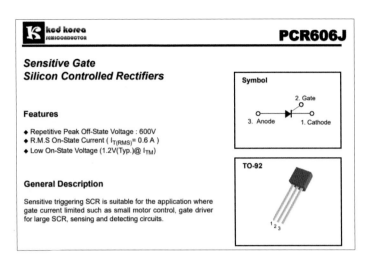

PCR606Jの特徴（データシートより抜粋）

　「SCR」は、「一度ONになると、ゲートをOFFにするだけでは電流が止まらない（OFFにならない）」という特徴があります。

　「OFF」にするには、「ゲートをOFFにした後にアノードに流れる電流も切る」ことが必要です。

＊

　まず、本製品の回路では、「ブリッジ整流ダイオード」の後段に平滑用のコンデンサを配置せず、LEDと並行に「電解コンデンサ（C2）」を配置します。

　すると、「全波整流波形」の電圧が低い部分で「サイリスタ」の「アノード」と「カソード」の電圧が逆転して、「アノード」に流れる電流を「OFF」にできます。

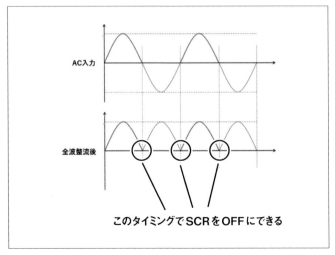

全波整流波形

　ちなみに、製品ページを探そうとdatasheetに記載の“http://www.kcd.net.cn/”にアクセスしたところ、このドメインは既に存在しませんでした。

　いろいろとたどったところ、現在は「深圳市凱高达科技有限公司」(KGO Semiconductors, https://www.kgd-tk.com/)という会社になっているようです。

④LED: 5mm Straw hat LED

　「LED」は直径5mmの白色、いわゆる「Straw hat LED」と呼ばれているもの。
発光部分が「面状」になっているのが、特徴的です。

LED

本製品の「LED」点灯時の「順方向電圧」を実測した結果は、以下の通りでした。

Vf=2.72V

　「Straw hat LED」は、多くの種類が販売されており、仕様を完全に特定することができませんでした。
　比較的近いのは若干「Vf」が高めですが、WEJ LIGHTING TECHNOLOGY CO., LTD (http://www.winnerjoin.com/) 製のものです。

alibabaの製品ページ
https://www.alibaba.com/product-detail/5mm-dip-LED-straw-hat-led_1900988923.html

Product Details	Company Profile				
Product Information	Related Products	Why choose us?	Fair&Certification	Payment&Shipping	FAQ

Overview

Quick Details

Application:	lighting	Place of Origin:	Guangdong, China
Brand Name:	WEJ	Model Number:	WEJ50BWC-242-W
Type:	LED	Package Type:	Through Hole
Max. Forward Volta...	3.4v	Max. Reverse Volta...	5v
Max. Forward Curr...	30mA	Max. Reverse Curre...	10uA
Product name:	5mm dip LED straw hat led White Color 6000-8400K led diode	Color temperature:	6000-8400K
Luminous intensity:	3500-5500mcd	Viewing Angle:	60deg
Shape:	Straw Hat		

5mm Straw hat LEDの概要(製品ページより抜粋)

```
●回路動作
```

　回路図と部品仕様を元にLEDがONになる時の条件について簡単に計算してみます。

　LEDが「ON」になるときの、SCRの「Gate電圧」は、

・LED（D6）の Vf（2.72V）

・SCR（D5）の Gate trigger Voltage（0.8V）

の、合計で約3.5Vです。

　AC100V入力時の全波整流電圧のピークは、

・100V × $\sqrt{2}$ ≒ 141V

です。

　なので、SCRのゲートには、ACプラグから直列抵抗「R3」（470kΩ）-「R4」（1MΩ）と「R5」（CdSセル）で分圧された電圧がかかります（ブリッジダイオードの「Vf」及び「R1」「R2」は十分小さいため無視します）。

　LEDが「消灯」している時に、SCRのGate電圧が「4V」になる時のCdSセルの抵抗値は、以下になります。

・4V/（（141V-3.5V）/（470kΩ +1MΩ））≒ 43kΩ

「GL5528のLux-抵抗値特性」より43kΩの時の照度を確認すると約3Luxですので、パッケージの記載とだいたい一致します。

＊

　今回の「センサ付きナイトライト」は、すでに枯れた汎用的な部品のみで構成されています。

　回路的にも、「低コスト」を実現するための"割り切った設計"——ある意味、「100円ショップで買える商品」の典型という感じの商品でした。

1-3　4WAYキッチンタイマー

ダイソーで人気の200円商品「4WAYキッチンタイマー」を分解します。

ダイソーでは台所用品コーナーで販売

■パッケージと製品の外観

　「4WAYキッチンタイマー」は正面から見ると正方形をしていて、本体を90°回転させることによって、「時計」「アラーム」「タイマー」「温度」の4つの機能を切り替えて表示できます。

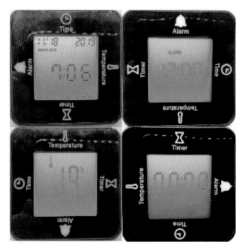

90°回転することで表示切替

　パッケージ裏面の表記は「日本語」「英語」「ブラジル語（ポルトガル語）」の3か国語、「MADE IN CHINA」で、ブラジルでも販売されているようです。

パッケージ裏面の表示

■ 本体の分解

●本体の分解

　本体前面に両面テープで固定された透明パネルの隙間にピックなどを差し込み、ゆっくりはがすと本体を固定している「ビス」が見えます。

　これを外すと、本体を開封できます。

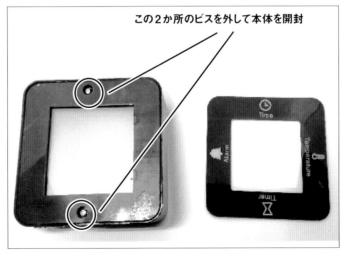

この２か所のビスを外して本体を開封

前面パネルをはがした状態

　本体を開封すると、「電池ボックス」からリード線で接続された「プリント基板」が取り出せます。

背面側には「設定用プッシュスイッチ」「角度検出スイッチ」「ブザー」が実装されています。

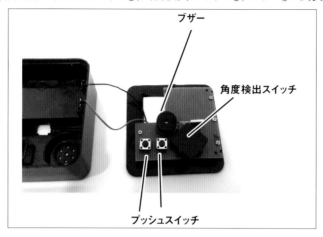

プリント基板を取り出した状態

プリント基板は1枚構成です。

前面側には表示用の「液晶パネル」が接続されています。

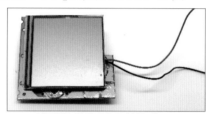

前面側に接続された液晶パネル

■ 回路構成と主要部品

●メインボード

「メインボード」は紙フェノールの片面基板。

「液晶パネル」を外すと「樹脂モールドされたコントローラ」「角度検出スイッチ」「室温検出用サーミスタ」が実装されています。

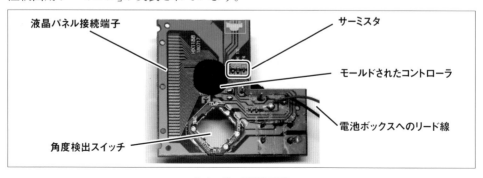

メインボード（前面側）

●回路構成

現物から書き起こしたものが、以下の「メイン・ボード」回路図です。

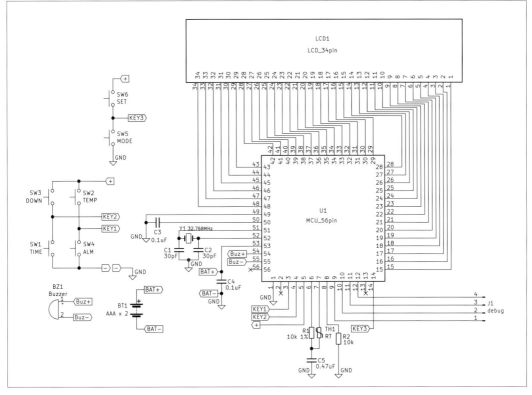

回路図

*

液晶パネルは「パラレル34ピン」で、コントローラに直接接続されています。

「角度検出スイッチ」「設定スイッチ」は「電源 or GND」の2値でのデジタル入力です。

コントローラの電源入力には「単4乾電池」2本が直接接続されており、「LDO」（電源用レギュレータ）を内蔵していると推定できます。

*

室温検出用の「サーミスタ・ブザー」も、コントローラに直接接続されています。

また、コントローラからは4ピンの「デバッグ端子」が引き出されています。

*

次に、本製品の主要部品について確認していきます。

●液晶パネル

「液晶パネル」は34本の信号でコントローラと接続されています。

パネルと基板の間は「異方性導電ゴム」で接続されています。

液晶パネルと基板の接続

「異方性導電ゴム」は、「垂直方向のみ通電」し、「水平方向は絶縁」という特性をもっています。

接続構造が単純なため、「組み立てコスト」と「サイズ削減」のために使われます。

＊

以下は接続面の拡大写真です。

異方性導電ゴムの接続面の拡大写真

「導電性ゴム」と「絶縁ゴム」が交互に並んでいて、水平方向には絶縁する構造となっています。

垂直方向の導電部の抵抗値は、実測で「約1〜2kΩ」なので、低速のデジタル信号の接続であれば使用できます。

＊

液晶パネルは表示部分とガラス面の透明電極のみで、コントローラなどは実装されていません。

このことから、「信号線の組み合わせ」で固定された表示部分を切り替える、「セグメント液晶」ということが分かります。

「4方向の表示」という仕様から、本製品のような機能のために専用設計されたパネルのようです。

パネルの電極部分には「JH10932」という表示があったのですが、検索しても該当する部品の仕様書は発見できませんでした。

透明電極部分の拡大写真

型番表示部分の拡大写真

● 角度検出スイッチ

「角度検出スイッチ」は、両面ガラスエポキシ基板をメインボードに画面に対して45°の角度で半田付けする構成で実現しています。

角度検出スイッチの基板部分

基板の内側の断面にはプリントパターンが印刷され、そこを金属のボールで短絡することによるコントローラの入力ポート(回路図の「KEY1」「KEY2」)の「High/Low」の組み合わせで、画面の回転角度を検出します。

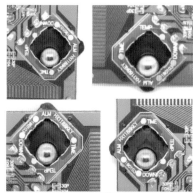

金属ボールの位置で回転角度を検出

● コントローラ

　コントローラは樹脂モールドされたベアチップ実装です。

　基板には「HX1188」という基板の型番と「180717」という製造年月日のシルクの表示があります。

　これを手掛かりにWeb上で検索をしたのですが、結論としては今回はメーカーや仕様の特定には至りませんでした。

基板上のシルク表示

　ピン数や、実装されている基板のパターンから「14ピン×4辺＝56ピン」の専用コントローラであると推定しました。

　基板パターンから接続先を特定して作ったのが、前述の回路図です。

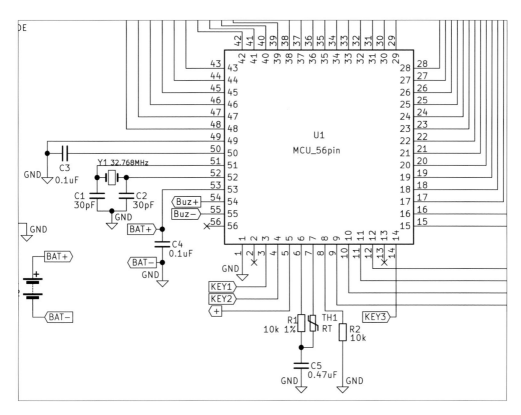

コントローラ部の回路図（拡大）

*

　34ピンの「LCDパネル」や「単4乾電池2本」「室温検出用サーミスタ」「アラーム用の
ブザー」の他に、32.768MHzの「水晶発振子」と、いくつかの「抵抗」「コンデンサ」が接
続されています。

■ シリコンチップの観察

　今回も「ベアチップ実装」なので、モールドをダイヤモンドヤスリとカッターで削って、顕微鏡でチップ自体を観察してみました。

　顕微鏡は今までと同様に、「Aliexpress」で3500円で購入した、最大600倍の「G600 600X USB顕微鏡」を使いました。

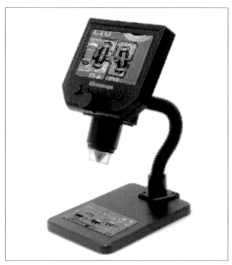

使用したUSB顕微鏡

　樹脂モールドを削ってシリコンチップ（ダイ）を露出させたのが以下の写真です。

　チップサイズは実測で「1.4mmx1.4mm」です。

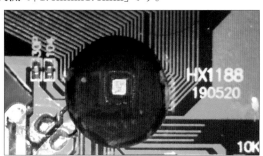

露出したシリコンチップ

　これを顕微鏡で拡大してみると、パターン形状によって複数のブロックに分かれているのが分かります。

　拡大写真を上記で作った回路図に重ねて、パターンの結線からシリコンチップ上の大まかな回路ブロックの配置を推定したのが、以下の図です。

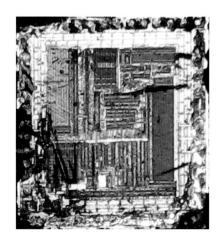

シリコンチップの拡大写真

＊

　シリコンチップのパターンの違いによるブロック分けをしてみると、ワイヤーボンディングで配線されているシリコンパッドの近くでブロックが変わっていました。
　各機能がパッドに合わせて配置されているようです。

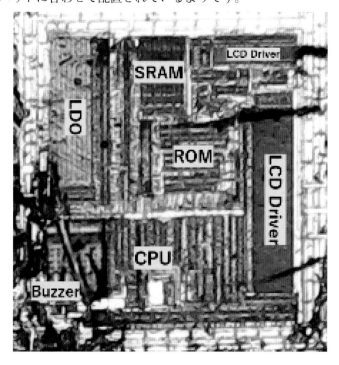

大まかな回路ブロック（推定）

＊

　今回は同じものを2台分解したのですが、メインボードの製造年月日によってパターンが修正されていました。

写真の右が「180717」左が「190520」です。

新しいほうでは裏付けされていた抵抗がなくなり、デバッグ用端子のパターンも削除されています。

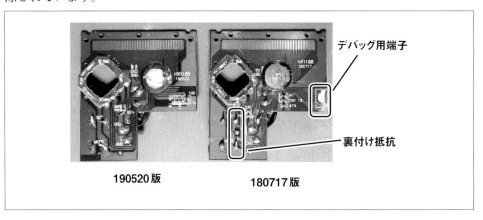

製造日でメインボードのパターンが異なる

「4WAYキッチンタイマー」はダイソー以外からも機能が近い商品（たとえば他社はバックライト付きなどの機能が追加）が販売されている人気商品です。

そのため、最初のロットでの問題点は継続して改善検討されていると見ていいでしょう。

＊

数年前の100円ショップガジェットは在庫売り切りのものが多いというイメージがあったのですが、本製品を見ると一定以上の人気があれば継続して改善の取り組みをしていることがわかりました。

第**2**章
モバイルのガジェット

「自動判別機能付USB充電器」「500円モバイル・バッテリ」「ワイヤレスヘッドセット」といった、モバイルで活躍するガジェットを分解します。

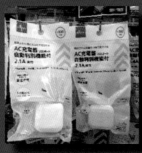

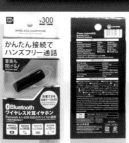

2-1　自動判別機能付USB充電器

　100円ショップでは以前より多くの種類の「USB充電器」が販売されています。

　今回はダイソーの、「接続された機器を自動で見分ける」という「自動判別機能付USB充電器」を分解します。

■パッケージと製品の外観

　ダイソーの「自動判別機能付USB充電器」は、ポート数で2種類が販売されています。今回は300円(税別)の1ポート版を購入しました。

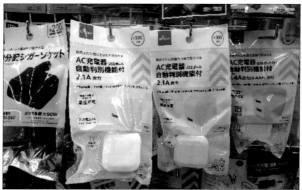

ダイソーのUSB充電器コーナーで販売

　パッケージによると、入力電圧は全世界対応の「AC100-240V」、出力電流は「2.1A(最大)」で「タブレット対応」となっています。

　裏面には「USB-Aポートに接続した機器をICが自動で見分けて、最適な出力で充電します」との記載があります。

　なお、パッケージにはACコンセントに直接接続される機器に要求される「PSE」マークは表示はありません。

パッケージ裏面の表示

■ 本体の分解

●同梱物

パッケージの内容は本体のみです。

　「PSE」マークは本体に一体成型で表示されており、申請事業者と思われる「テラ・インターナショナル(株)」の名称も記載されています。
　定格表示は、入力が「AC100-240V/0.3A」、出力が「DC5V/2.1A」となっています。

●本体の分解

本体ケースは接着されているため、接着部分をカッター等で切断して開封します。

　内部は「ACプラグ」と「プリント基板」で構成されており、ACプラグと基板は電極で接触して接続する方式となっています。

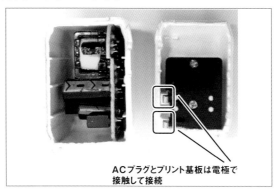

**ACプラグとプリント基板は電極で
接触して接続**

本体を開封

　「ACプラグ」は折りたたんで収納できる形となっており、基板へ接続する電極がバネとなってACプラグの可動部の支点の電極と接触する形になっています。

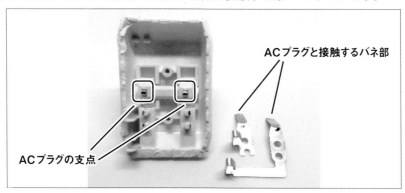

ACプラグと接触するバネ部

ACプラグの支点

ACプラグ部

　プリント基板は1枚構成です。
　1次側回路(ACコンセント側)と2次側回路(USBコネクタ側)の間には電気用品安全

法(PSEマーク)で要求される「絶縁距離」を確保する「絶縁シート」を入れて全体的にコンパクトに収まっています。

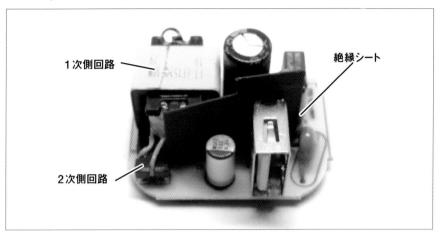

プリント基板

■ 回路構成と主要部品の仕様

●メインボード

　メインボードはガラスコンポジット(CEM-3)の片面基板です。

　以下はメインボードの表面の主要な実装部品です。

*

　AC入力ラインには「保護ヒューズ」が入っています。

　電源トランスは絶縁距離を確保するために2次側巻線の端子位置が外側に伸びている少し変わった形状(FE1510)です。

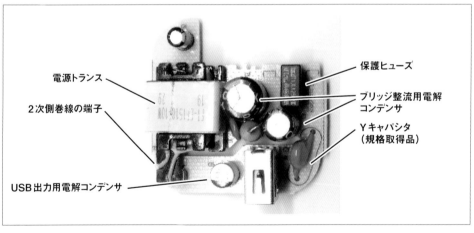

メインボード(表面)

　以下は裏面パターンと実装されている主要部品です。

　裏面には型番「307-0025 VER21」と製造週「1928」(2019年28週)の表示があります。

半導体は裏面に面実装されています。

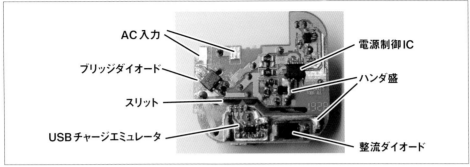

メインボード(裏面)

　大電流が流れるパターンはレジストを剥がして半田を盛ってあり、1次側～2次側の絶縁距離を確保するための「スリット」を入れるなど、電源回路としては無理のない「きちんとした基板設計」となっています。

■ 回路構成

　現物よりメインボードの回路図を書き起こしたものが下図になります。

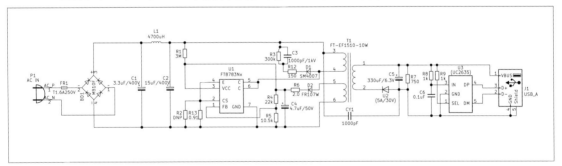

回路図

　1次側(AC側)の構成は電源回路としては一般的な構成になっています。

　1次側(USB側)の出力電圧は直接検出ではなく、電源トランス(T1)の1次側の検出用巻線(5-6)の出力を整流・抵抗分割して電源制御IC(U1)のフィードバック端子(FB)に入力して制御しています。

　2次側(USB側)は電源トランスの巻線の-側(2)に整流ダイオードを入れています。

　「接続した機器をICが自動で見分ける」という機能は「USBチャージャエミュレータ(U3)」でUSB_Aコネクタの「D+/D-端子経由」で行なっています。

■　主要部品の仕様

次に、本製品の主要部品について調べてみました。

●　ブリッジダイオード(BD1)　MB10F

ブリッジダイオード

「ブリッジダイオード」は、AC入力を全波整流してスイッチング電源の1次側DC電圧を生成します。

パッケージのマーキングより「MB10F」であることがわかります。

「MB10F」は中国で同じ仕様のものが複数の会社から販売されています。

データシートは「深圳盈胜微电子有限公司(http://yswasemi.com/)」製のものが以下より入手できます。

https://bit.ly/2JhdsNC

ガラス基板で使用する場合の定格は1000V (max) /0.5Aとなっており、本機の定格表示の電流(0.3A)に対しても問題はない設計となっています。

● 電源制御IC(U1) FT8783Nx

電源制御IC

　電源制御ICは、「輝芒微电子(深圳)有限公司(http://www.fremontmicro.com/)」製の
チャージャー向けのスイッチング電源コントローラ「FT8783Nx」です。

　データシートは簡易版が以下より入手できます。

https://bit.ly/2paKUOS

　なお、具体的な電気定格や回路ブロック図が記載されたデータシートは公開されて
おらず、Web上の検索でも見つけられませんでした。

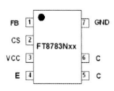

Pin	Name	Description
1	FB	Output voltage feedback pin
2	CS	Primary current sense
3	VCC	Power Supply
4	E	The Emitter of the power NPN
5/6	C	The Collector of the power NPN
7	GND	Ground.

FT8787Nxのピン説明

　データシートによると、「FT8783Nx」は高効率/高速応答を特徴としてるとありま
す。

　米エネルギー省及び欧州連合の電源アダプタにおける規制である「DoE Level 6 /CoC
V5 Tier2」に5V/1Aから5V/2.4Aまでのアプリケーションで適合できる、となってい
ます。

● USBチャージャエミュレータ(U3) UC2635(仮)

USBチャージャエミュレータ

　表面の「515R」というマーキング及びパッケージ形状(SOT23-5)だけではこのICの特定まで至ることができず、回路図を起こして結線を確認した上で「USB充電器」として必要な機能から特定しました。

　本ICは、USBコネクタの「D+/D-端子」に接続して、「USB充電電流制御」のための手順をエミュレートする「USBチャージャエミュレータ」です。

　パッケージ形状およびピン機能より「深圳市芯卓微科技有限公司(http://www.semihigh.com.cn/)」製のSingle USB Charger Adapter Emulator「UC2635」(もしくはその互換品)であることが分かります。

　ただ、本ICはメーカーのホームページの製品検索には出て来ません。

　データシートは以下より直接入手できます。

https://bit.ly/33Wx0P5

　サポートしている規格は以下の通りです。

・Apple Devices fast charging (2.1A/2.4A mode)
・Samsung Galaxy Tab Devices fast Charging (2.0A)
・USB BC1.2 (USB公式規格) & YD/T 1591-2009 Charging Spec (2.0A)

　Appleの場合は、「SEL端子」で充電と電流が選択できます。

　本機ではSEL=1なのでパッケージの表示通り「2.1A mode」設定となっています。

　接続されたデバイスは「D+」および「D-」の電圧を監視して、接続されている機器のタ

イプを「Auto-detect」ブロックで自動検出します。

　そして、検出結果に応じて内部のスイッチS1〜S4を切り替えることによってデバイスに出力可能な電流値を通知します。

　それによってデバイスが使用できる最大電流を判断して充電電流を決定します。

■ 出力電流－電圧特性の確認

本機の回路構成では、前述のように「デバイスが使用できる最大電流を判断して充電電流を決定」します。

　そのため、USBチャージャエミュレータに対応していない、「USBの電源だけを利用するようなデバイス」(例えばUSB扇風機)を接続した場合は、デバイスが自由に流す電流を決めるということができてしまいます。

　そこで、電子負荷を使って実際にどれくらいの電流まで出力できるかを測定してみました。

　電子負荷は以下の写真のもの(9.99A/60W/1-30V)を使用しました。

　Aliexpressで2000円程度で購入できます。

https://bit.ly/33X3f0w

電子負荷

　実測した電流-電圧特性を「USB BC1.2」で規定されたUSB充電器に要求される動作領域のグラフに重ねたのが以下になります。

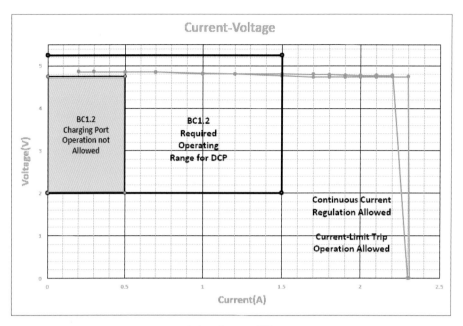

出力電流－電圧特性

　1台のみの実測結果ですが、定格である2.1Aまでは出力電圧は4.7～4.8Vで安定しています。

　出力電流2.31Aで過電圧保護回路が動作して出力が下がります。

　その状態で電流を下げていくとヒステリシス特性をもっており「ON-OFF」を繰り返す様な「間欠発振動作」になることもなく2.20Aで出力電圧が元に戻ります。

　上記グラフのグレーの部分は「USB BC1.2」では動作が禁止されている領域ですが、本機は禁止領域に入ることもなく電流-電圧特性としては規格を満たした動作となっています。

＊

　100円ショップ等で購入できるUSB充電器は作りが雑で危険、というイメージが以前は
ありました。

　しかし、無理なコストダウンのための設計はされておらず、設計・特性共にきちんと設計されているという印象を受けました。

　本機でも過去の分解と同様にメーカーの製品検索では出てこない中国で生産するためにのみ流通していると思われる部品が使われています。

　これらの中国での「エコシステム」によるコストダウンの強さを感じさせられます。

2-2   500円モバイル・バッテリ

スマートフォンの普及により「モバイル・バッテリ」も手軽に購入できるようになってきました。

今回は、3000mAhで500円（税別）と格安で販売している「モバイル・バッテリ」を分解します。

ダイソーのスマホアクセサリーコーナーで販売

■ パッケージの表示

パッケージ表面には2019年2月1日から表示が義務付けられた電気用品安全法（PSE法）の表示があります。

パッケージのPSE適合表示

また、パッケージ裏面には「MADE IN CHINE」と、製造元の「（株）E Core」の表示があります。

（株）E Core: http://e-core2006.co.jp/

製造メーカー表示

●パッケージの内容

パッケージの内容は「本体」「USBケーブル」「取扱説明書」です。

同梱のUSBケーブルは、接続が電源（VBUS）とGNDだけの「充電専用」で、最近の「高速充電」には未対応です。

パッケージの内容

●本体の表示

表示は本体への成型となっています。USB出力定格は「DC5V 1.0A」、容量は「3.7V 3000mAh」です。枠内には「PSEマーク」の表示もあります。

本体表示

■ 本体の分解

　「本体ケース」は爪による「嵌め込み式」になっているので、隙間にマイナスドライバーなどを差し込み、ひねって開けていきます。

　内部は「リチウムイオン電池」(LiPo)と「制御基板」で構成されています。

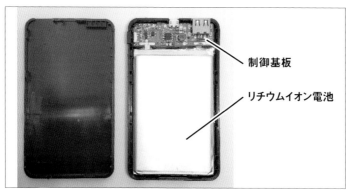

制御基板

リチウムイオン電池

本体を開封

　「LiPo」は保護回路は内蔵されていないタイプで、本体ケースに両面テープで直接固定されています。

　両面テープを外すと、「606090P」というサイズ表示(6×60×90mm)があります。
　容量表示はありませんが、「Aliexpress」で606090サイズのLiPoを検索すると、多くの製品が「4000mAh」となっています。
　定格記載の容量「3000mAh」は問題ないと思われます。

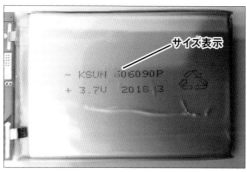

サイズ表示

リチウムイオン電池の表示

■ 回路構成

●制御基板

「制御基板」は、ガラスエポキシ（FR-4）の両面基板です。

「制御基板」の表面の主要部品は、「入出力のUSBコネクタ」「充放電制御ICと昇圧用インダクタ」「バッテリ保護IC」「2ch POWER MOSFET」です。

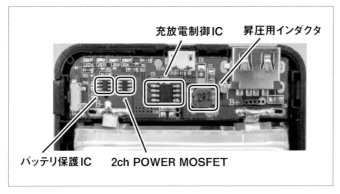

制御基板（表面）

制御基板の裏面は、パターンのみで実装部品はありません。

「GNDパターン」の一部はレジストを剥がして、ハンダメッキされています。

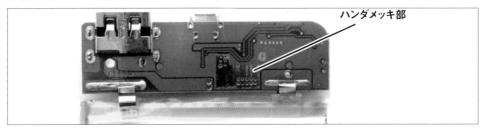

制御基板（裏面）

両面の「ベタGND」を「スルーホール」で接続して強化しており、大電流が流れるパターン幅も確保されてります。

「電源回路」としては無理のない"きちん"とした基板設計となっています。

●回路構成

以下の図が、現物から書き起こした制御基板の回路図です。

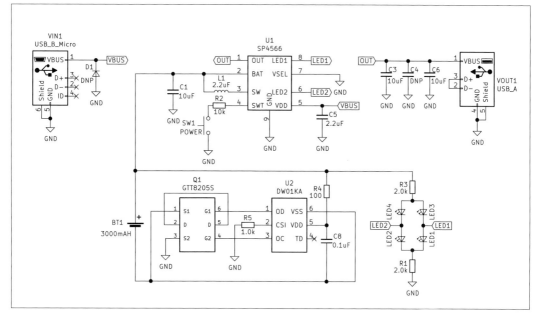

回路図

*

「モバイル・バッテリ」の、入力(電源をもらう)側は「Device」、出力(外部機器に充電する)側は「Host」として機能します。

「Device」側の「Micro USB-B」コネクタは、電源(VBUS)とGND以外は接続されておらず、USBの各種充電規格(BC1.2,PD,QuickCharge等)には未対応です。

そのためUSB規格上の充電電流はUSB2.0ポートで最大500mA、USB3ポートで最大900mAとなります。

*

「Host」側の「Standard USB-A」コネクタは「D+」と「D-」が接続(ショート)されているため、USBの充電規格である「BC1.2」の「Dedicated Charging Port(充電専用ポート、以降DCP)」として動作します。

この場合、規格上で要求される出力電流は「最大1.5A」となります。

本製品の定格は入出力ともに「DC5V 1.0A」なので、厳密にはUSBの充電規格を満たせていないということになります。

■ 主要部品の仕様

次に、本製品の「主要部品」について調べました。

● 充放電制御IC(U1) SP4566

充電制御IC

回路図の「U1」は、「深圳天源中芯半导体有限公司(TPOWER Semiconductor, http://www.tpower-ic.com/)」製の充放電制御IC、「SP4566」です。

「データシート」は、以下から入手できます。

http://www.alldatasheet.jp/datasheet-pdf/pdf/1134937/TPOWER/SP4566.html

＊

「充放電機能」に関する仕様は以下の通りです。

本製品の「定格」は、このICの定格と一致しています。

・充電入力電圧: 最大6.5V (過電圧保護)
・放電出力: 5V ± 0.2V@1A
・充電電流: 1A
・BAT放電終了電圧: 2.85V
・BAT充電電圧: 4.2V/4.35V (VSELで選択)

以下はデータシートに記載してある、ピン説明の抜粋です。

管脚号	管脚名称	描述
1	OUT	升压输出正极端以及输出电压采样
2	BAT	锂离子电池正极
3	SW	升压功率 NMOS 漏极
4	SWT	接按键和手电筒 LED 灯，短按按键显示电量，长按按键 2S 手电筒打开或关闭
5	VDD	电源输入端
6	LED2	电量指示 LED 驱动端
7	VSEL	4.2V 或 4.35V 选择端，接地为 4.2V，悬空为 4.35V
8	LED1	电量指示 LED 驱动端
Exposed PAD	GND	系统地，须与 PCB 地线有良好焊接

（ピン配置: OUT, BAT, SW, SWT / LED1, VSEL, LED2, VDD, GND）

SP4566のピン説明

LiPoの「充放電制御」「昇圧出力」に加えて、LiPoの充電残量の「LED表示機能」「各種保護機能」が統合されたICとなっています。

● バッテリ保護IC（U2）DW01KA

バッテリ保護IC

　回路図の「U2」は「深圳市华之美半导体有限公司（H&M SEMI, http://www.hmsemi.com/）」製のバッテリ保護IC「DW01KA」です。

　データシートは以下から入手できます。

http://www.hmsemi.com/downfile/DW01KA.PDF

　バッテリ保護機能に関する仕様は以下の通りです。

・過充電検出4.3V、過充電解除4.1V
・過放電検出2.4V、過放電解除3.0V
・過電流検出電圧0.15V
・短絡電流検出電圧1.0V
・過電流保護リセット，自己回復機能付き

　以下は、データシートに記載のブロック図、およびピン説明の抜粋です。

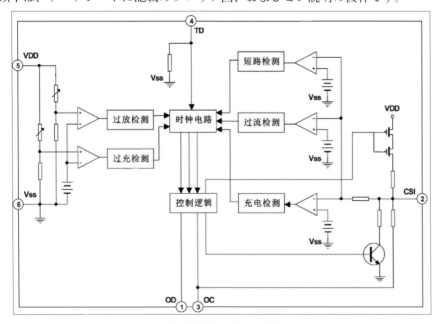

DW01KAのブロック図

封装图	管脚号	符号	I/O	管脚描述
VSS VDD TD 6 5 4 1 2 3 OD CSI OC	1	OD	O	放电控制 FET 门限连接管脚。
	2	CSI	I/O	电流感应输入管脚，充电器检测。
	3	OC	O	充电控制 FEL 门限连接管脚。
	4	TD	I	延迟时间测试管脚。
	5	VDD	I	正电源输入管脚。
	6	VSS	I	负电源输入管脚。

DW01KAのピン説明

　ODおよびOCピンに接続されたFETを「ON/OFF」するごとに「バッテリ保護動作」を行ないます。

　詳細な動作は、「データシート」を参照してください。

● 2ch POWER MOSFET(Q1)「GTT8205S」

2ch POWER MOSFET

　回路図の「Q1」は、「勤益電子股份有限公司(GTM Electronics, http://www.gtm-elec.com.tw/)製の2ch N-CHANNEL POWER MOSFET「GTT8205S」です。

　データシートは以下から入手できます。

https://www.alldatasheet.com/datasheet-pdf/pdf/194915/ETC2/GTT8205S.html

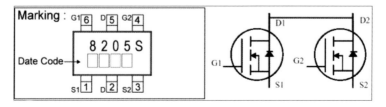

GTT8205Sの内部接続

このMOSFETはLiPoのマイナス側とGNDの間に接続されます。

「DW01KA」の「OD/OC」ピンで「ON/OFF」制御することで、バッテリ保護機能を実現しています。

■ 出力電流－電圧特性の確認

「充電機能」の実力について、「電子負荷」を使って「出力電流－電圧特性」を測定してみました。

電子負荷はAliexpressで2000円程度で購入できる以下のものを使っています。
https://bit.ly/33X3f0w

実測した電流-電圧特性を「USB BC1.2」で規定されたUSB充電器に要求される動作領域のグラフに重ねたのが以下のグラフです。

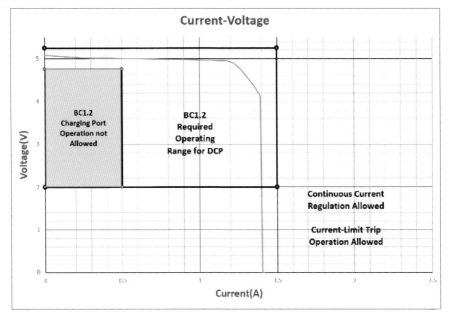

出力電流－電圧特性

＊

1台のみの実測結果ですが、「USB BC1.2」では動作が禁止されている領域(上記グラフのグレーの部分)に重なることはありませんでした。
充電器としては一応、「USB規格」を満たした動作となっています。

＊

「1.0A」までは出力電圧も安定しており製品の定格(5V/1.0A)に対しては問題ありません。

　ただし、出力電流が「1.2A」を越えた付近から出力電流が急速に低下し、「1.4A」付近で「過電流保護」が動作して、出力が停止します。

＊

　前述したように、本製品のUSB出力コネクタの「D+/D-」は接続されており、USB充電規格である「BC1.2」の「DCP（最大出力電流1.5A）」として動作する回路構成になっています。

　たとえば、付属のケーブルではなく「通信対応ケーブル」で「BC1.2」対応デバイスを接続した場合は、保護回路が誤動作する可能性があります。

＊

　今回の「モバイル・バッテリ」は「ダイソー以外の日本のメーカーが設計（もしくは企画）して中国で製造」という商品でした。

　保護回路も含めて、製品の定格に対する回路動作としては問題はないのですが、「USB充電規格への対応」という面では完全ではないという結果でした。

　モバイルバッテリーで言えば、最近は中国製でもタブレットの充電など、「1.0A以上」の出力電流に対応しているのを見かけます。

　100円ショップ向けで「コスト優先」ということは理解できるのですが、もし後続の商品が発売されたときにはきちんとした設計で「この価格なのにさすが！」と思えるような商品を期待しています。

2-3　　　ワイヤレスヘッドセット

　2019年9月、スマートフォンとBluetoothで接続できる「ワイヤレスヘッドセット」が300円（税別）で登場しました。

　さっそく購入して分解します。

■ パッケージと製品の外観

　「ワイヤレスヘッドセット」は、「ワイヤレス片耳イヤホン」という名前で白と黒の2色がスマホグッズコーナーで販売されています。

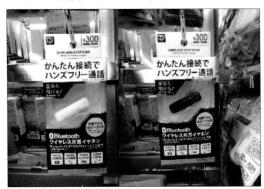

ダイソーではスマホグッズコーナーで販売

　パッケージ表示では、通信仕様は「BLE」（Bluetooth Low Energy）ではなく「Bluetooth 4.1+EDR」です。

　50mAhのLiPoバッテリーを内蔵し「連続通話1時間/連続待ち受け24時間」となっています。

　パッケージ裏面には「技適マーク」が表示されています。

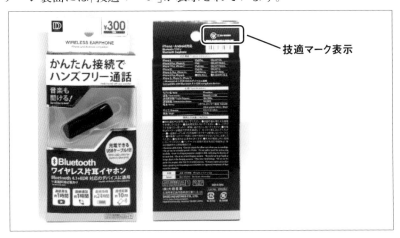

技適マーク表示

製品パッケージ

■ 本体の分解

●同梱物

　パッケージの内容は「本体」「USBケーブル（充電専用）」「取り扱い説明書」となります。

　本体及びパッケージには「技適マーク」が印刷されています。

　「取り扱い説明書」も日本語と英語の2か国語に対応しており、きちんと日本市場向けの仕様となっています。

本体に表示されている技適マーク

●本体の分解

　本体はツメで固定されているので、隙間に精密ドライバを差し込んで開けることができます。

　基板はケースの外形に合わせた形の1枚構成で、「LiPo（リチウムイオンポリマ）バッテリー」はケースと基板の間に格納されています。

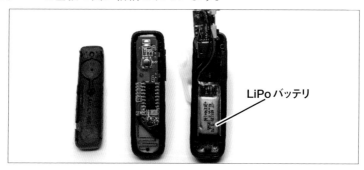

本体を開封

　基板実装部品以外の「スピーカ」「コンデンサマイク」「バッテリ」のリード線は基板に直接ハンダ付けされています。

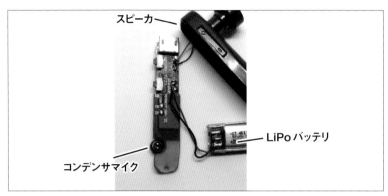

基板をケースから外した状態

■ 主要部品の仕様

●LiPoバッテリ

「LiPoバッテリ」はパッケージの表記通り "3.7V 50mAh" の表示があります。

100均の商品には珍しく、LiPo本体に保護回路を内蔵しています。

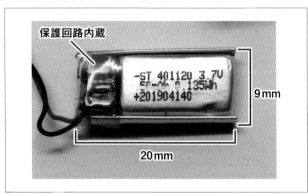

LiPoバッテリ

ちなみに、同等品を「Aliexpress」(中国の通販サイト)で検索するとUS$2.6で販売されていました。

https://bit.ly/2l0gWLp

● メインボード

メインボードはガラスエポキシ（FR-4）の両面基板です。

　裏面には型番と思われる「XL-165-AC6919A V2.0A」と製造日（2018.6.15）の表示があります。

主要部品は表面実装のLSI 1個、Bluetoothのアンテナは基板パターンで構成されています。

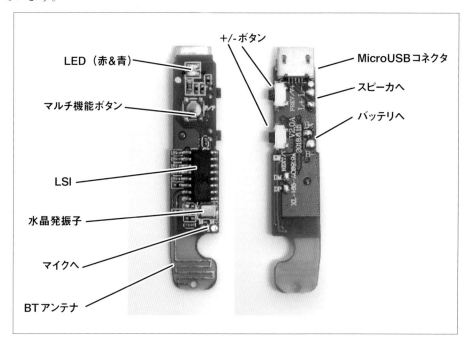

メインボード

　基板としては特に特殊な設計をしている箇所はありません。

　コントロール用のボタンもスイッチ部品を使用しており、いわゆる「普通の設計」です。

■ 回路構成

現物より、メインボードの回路図を書き起こしました。

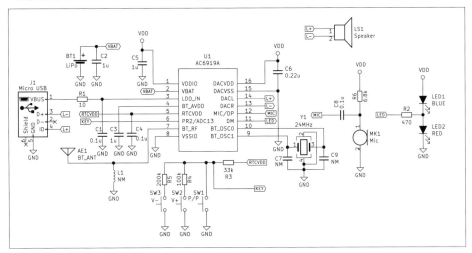

回路図

　メインのLSIが、「Bluetoothの通信」「スピーカ出力」「マイク入力」という、ワイヤレスヘッドセットに必要な機能をすべて制御しています。

　必要な電源についても、LDO_IN端子に入力されたMicroUSBコネクタのVBUS（+5V）を電源として必要な電源を内部で生成しており、LiPoバッテリの充電コントロールもこのLSIで行なっています。

　スピーカ出力はMisroUSBコネクタの3,4ピンにもつながっています。

　これは完成品の検査に使用していると思われます。

　キー入力（3個）は抵抗分割された電圧をADCで検出、2色のLEDは1ポートで排他的な制御（同時点灯できない）を行なうなど、16ピンという限られたピン数で必要な機能をうまく実現しています。

■ 主要部品の仕様

次に、本製品の主要部品であるメインのLSIについて調べてみます。

LSIのパッケージ

● アプリケーションプロセッサ AC6919A

"JL"のロゴより中国製のBluetoothやWiFiのチップセットでよく使われている「珠海市杰理科技股份有限公司」(ZhuHai JieLi Technology,http://www.zh-jieli.com/)製のLSIであることは分かります。

パッケージのマーキングや基板の型番から、"AC6919A"というLSIであることが分かりました。

しかし、この型番は一般向けの販売はしておらず製造元の製品情報では詳細情報は提供されていません。

ネットで検索したところ、以下の中国国内向けのB2Bの販売サイトに参考回路図が掲載されていました。

基板から起こした回路図と一致していることで型番の特定ができました。

https://detail.1688.com/offer/565781949037.html

機能的には以下からデータシートが入手できる"AC6905A"をベースにカスタムされているようです。

https://bit.ly/2kZzWcM

これらの情報から推定される主な機能は、以下の通りです。

・最大160MHz動作の32bit RISC CPU
・FS USB 2.0 OTGサポート(DP/DMあり)
・1チャンネルのMICアンプ

・内蔵ヘッドホンアンプ

・10bit ADC

・Bluetooth V4.2+BR+EDR+BLE サポート

・LDO内蔵

・LiPo充電コントローラ内蔵

■ Bluetooth 接続の確認

●スマートフォンでの確認

今回は、Android版の"Bluetooth Scanner"というアプリを使用しました。

Bluetooth Scanner

本機の電源をいれると"BT earphone"という名前で検出されるので、ペアリングして接続情報を確認します。

プロファイルは「Headset」、プロトコルは製品仕様通り「EDR」で接続されていることがわかります。

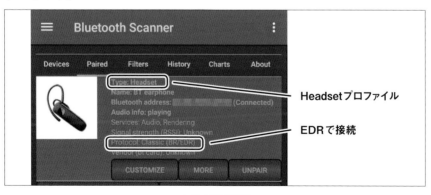

Headsetプロファイル

EDRで接続

本機の接続情報

●Windows PCでの確認

　本機はHeadsetプロファイルなので、Windows10（64bit）搭載のPCとペアリングをすることで「Bluetooth Headset」として認識されます。

　これで、スカイプなどの通話に使用できます。

Windows10での認識

＊

　メインボードのパターンレイアウト、回路構成ともに無理なコストダウンのための設計はされておらず、全体的にきちんと設計されています。

　製品分解をしていると、中国国内では今回のようにオールインワンのLSIでローコストを実現するプラットフォームを多く見掛けます。

　実は中国の通販サイトでこれと外形の成形品はまったく同じものを見つけて分解したのですが、内部の基板上のLSIが異なるものでした。

　時間とコストのかかる成形品を共通にする（いわゆる公模）ことで、開発スピードとコストダウンを実現する「エコシステム」によって、日本仕様に変更しても「300円」という価格が実現できているのは見習う点が多いです。

「ワイヤレスBluetoothスピーカー」（税別600円）を分解します。

■ パッケージと外観

　「ワイヤレスBluetoothスピーカー」（以降、「BTスピーカー」）は、2018年にダイソーで600円（税別）で販売されています。

　通信仕様は、「BLE」（Bluetooth Low Energy）ではなく、前世代の「Bluetooth version 2.1+EDR」を採用。

　「スピーカー」に加えて「マイク」も内蔵しているので、スマホとペアリングしての通話も可能です。

ダイソーではスマホグッズコーナーで販売

■ 本体の分解

● 同梱物

　パッケージの内容は、「本体」「USBケーブル（充電専用）」「取り扱い説明書」となります。

　また、本体とパッケージには、「技適マーク」が印刷されています。
　取り扱い説明書も「日本語」に対応しており、きちんと“日本市場向け”の仕様となっています。

本体に表示されている技適マーク

●「BTスピーカー部」の分解

　防滴用のシリコンカバーと、底面の4本のビスを外し、「BTスピーカー部を」開封します。

　ケース上部には「スピーカー」と「コンデンサマイク」、ケース下部には「メイン基板」と「LiPo」(リチウムイオン・ポリマー・バッテリ)が格納されています。

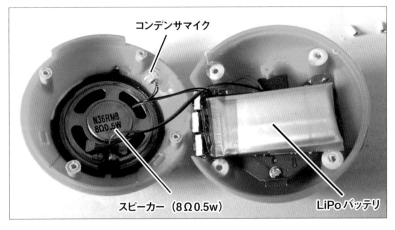

「BTスピーカー部」を開封した状態

■「電子回路ブロック」の確認

●Lipoバッテリ

「LiPo」と「メイン基板」は両面テープで固定されています。

「LiPo」は容量表示がないのですが、サイズから「＋3.7V 300mAh」だと思われます。
また、100円ショップの商品には珍しく、「LiPo」本体に「保護回路」を内蔵しています。

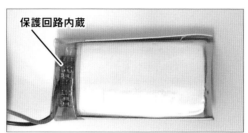

搭載されている「LiPo」

保護回路内蔵の「LiPo」は、一般的な充電回路が使えます。
そのため、たとえば、「トイドローンの交換用バッテリ」や「ガジェットを自作するときの電源」として使えそうです。

●メインボード

「メインボード」は、「ガラス・エポキシ」(FR-4)の両面基板です。
裏面には製造者と思われる「LBP 68BT-20 V1.0」の表示があります。

主要部品はすべて表面に実装。
「BT」のアンテナは、「基板パターン」で構成されています。

メインボード(裏面)

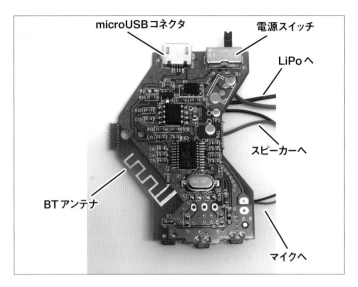

メインボード(表面)

「メインボード」はモノラルですが、かなりコンパクトに出来ています。

「小型スピーカーに内蔵して無線化」したり、「振動モータをつけてガジェットに内蔵」したりといった使い方に応用できそうです。

●「メインボード」の搭載部品

次に、「メインボード」に搭載されている主要部品を見ていきます。

メインボード上の搭載部品

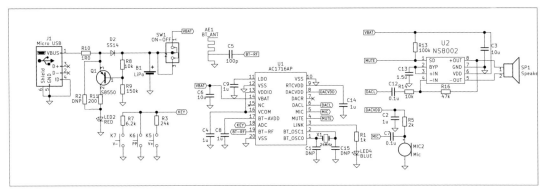

回路図

●アプリケーション・プロセッサ(AC1716AP)

"JL"というロゴが入っています。

ここから、中国国内でBluetoothやWi-Fiのチップセットを提供しているZhuHai JieLi Technology社製のLSIだと分かります。

ただ、「AC1716AP」という型番は、検索でも見つけることができず、その詳細は不明です。

基板の配線から、「Bluetooth Audio」用のアプリケーション・プロセッサで、「Audio出力」「Mic入力」「コントロール・ボタン」「LED」の制御を担当しています。

＜ ZhuHai JieLi Technology ＞

http://www.zh-jieli.com/

●オーディオ・アンプ(NS8002)

SHENZHEN NSIWAY TECHNOLOGY社製の「オーディオ・アンプ」です。

最大「2.4W」出力の「AB級アンプ」を、1CH内蔵しています。

＊

主要特性とブロック図は、NSIWAY社のサイトから入手できます。

＜ SHENZHEN NSIWAY TECHNOLOGY ＞

http://www.nsiway.com.cn/

＜主要特性とブロック図＞

https://goo.gl/wFke5S

●ショットキー・バリアダイオード(SS14)

　本機では、「USBコネクタ」から「LiPo」への簡易充電制御用として、逆方向電圧「40V」、直流順方向電流「1A」の「汎用ショットキー・バリアダイオード」(SS14)が使われています。

　信頼性を考えると、「充電制御IC」を使うのが望ましいのですが、LiPo側に「過充電/過電流保護回路」があることもあり、コストの関係でこの構成を採用したと思われます。

● PNPトランジスタ(S8550)

　汎用の「PNPトランジスタ」です。

　エミッタがUSBコネクタの「VBUSピン」に、コレクタが1kΩの抵抗を介して「AC1716AP」に接続されており、USBコネクタへの電源接続の検出に使われています。

　「メインボード」のパターンレイアウトも比較的キレイに出来ており、「LiPo」の充電制御回路を除けば、全体的にきちんと設計されている印象です。

　保護回路内蔵の「LiPo」、コンパクトな「BT対応メインボード」など、電子工作に使えそうなものも多く、600円(税別)は、かなり"お買い得感が高い製品"だと思います。

2-5　　ポータブル BT スピーカー

　2019年末にダイソーから「USBメモリ」や「SDカード」からの再生をサポートした「ポータブルタイプ Bluetoosh スピーカー」が 500 円（税別）で登場しました。

　さっそく購入して分解します。

■ パッケージと製品の外観

　「ポータブルタイプ Bluetoosh スピーカー」はヘッドホンやマウスと同じ電子機器コーナーで販売されています。

ダイソーでは電子機器コーナーで販売

　パッケージ表示では通信仕様は「Bluetooth 5.0」で、「USB メモリ」「microSD カード」からの音楽再生もサポートしています。

　「LiPo バッテリ」を内蔵し、「連続再生 2.5 時間」となっています。

　パッケージ裏面には「技適マーク」が表示されています。

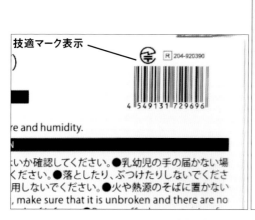

仕様書	
デバイス名：SR9910	
通信：Bluetooth 5.0	
商品サイズ：約120mm×79mm×39mm	
スピーカー出力：3W4Ω	
周波数：20HZ-18KHz	
シグナル雑音比：65dB	
インピーダンス：4ohm	
内蔵電池：3.7V 500mAh	
再生時間：2.5時間（最大音量で）	
充電時間：3.5時間	
付属品：	
USB充電コード×1本	
取り扱い説明書×1枚	

製品パッケージの表示（抜粋）

■ 本体の分解

●同梱物

　パッケージの内容は「本体」「USBケーブル」（充電専用）「取り扱い説明書（日本語）」で構成されています。

　本体正面はネット状の「カバー」になっています。
　本体背面には「電源スイッチ」と「コネクタ」が配置され、「技適マーク」の表示があります。
　操作ボタンは上面に4個配置されており、「+/-」ボタンには「長押し」「短押し」で複数の機能が割り当てられています。

 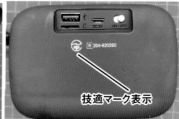

スピーカー本体

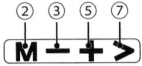

②micro SDカード／USBメモリ切替ボタン
③長押し：音量－／短く押す：前の曲へ
⑤長押し：音量＋／短く押す：次の曲へ
⑦再生/一時停止、電話に出る/切る

本体上面の操作ボタンと機能

● 本体の分解

本体正面のカバーは「はめ込み式」です。

これを外すとケースを固定している4本のネジが見えるので、ドライバーで外すとケースが開封できます。

スピーカーカバーを外した状態。○がビスの位置

内部は「メイン基板」1枚、両面テープで固定された「LiPoバッテリ」「スピーカー」で構成されています。

「スピーカー」は1個だけ（モノラル）です。

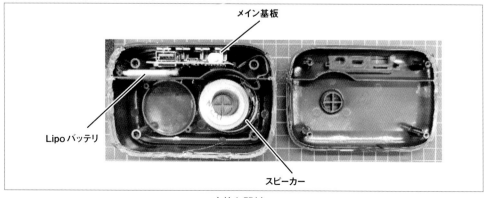

メイン基板

Lipoバッテリ

スピーカー

本体を開封

　基板実装部品以外の「スピーカー」「バッテリ」のリード線は、基板に直接ハンダ付けされています。

部品をケースから外した状態

■ 回路構成と主要部品の仕様

● LiPoバッテリ

　「LiPoバッテリ」は「503035サイズ」(5x30x35mm)で"3.7V 500mAh"の表示があります。

　LiPo本体に「保護回路」を内蔵しています。

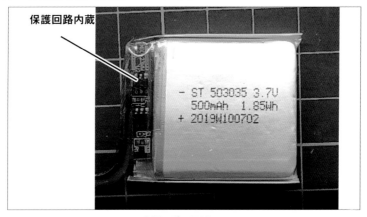

LiPoバッテリー

　ちなみに、同等品を「Aliexpress」(中国の通販サイト)で検索すると執筆時点(2020年1月)ではUS$2.5～3.5で販売されていました。

https://bit.ly/2RPG3gu

●メインボード

　メインボードは「ガラスエポキシ」(FR-4)の両面基板です。

　表面に「はメインプロセッサ」「パワーアンプ」「充電制御IC」「SDカードスロット」「コンデンサマイク」が実装されています。

　「Bluetooth」のアンテナは基板パターンで構成されています。
　基板上にはオーディオ1chぶんの空きパターンがあります。

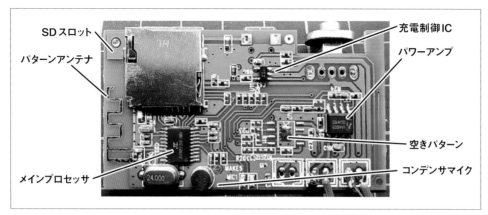

メインボード(表面)

裏面には各種スイッチ・コネクタが実装されています。

型番と思われる「HS-GM-X32_V4.0」と製造日(20190718)の表示もあります。

メインボード(裏面)

●回路構成

基板パターンからメインボードの回路図を書き起こしたものが下図です。

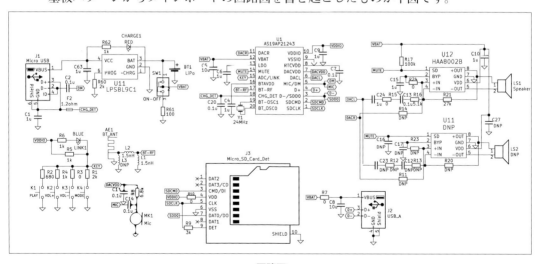

回路図

　キー入力(4個)は、抵抗分割された電圧を「ADC」で検出、「Bluetooth」のLink状態を示す青色のLEDは「キー入力ピン」を出力として使う…など、20ピンという限られ

たピン数で必要な機能をうまく実装しています。

「Bluetooth」用のアンテナはいわゆる「板状逆Fアンテナ」となっています。

*

「オーディオ出力」は左右のミックスではなく片チャンネルのみです。

ちなみに、空きパターンは実装済みの「パワーアンプ」とまったく同じ回路となっており、単純に部品を実装するだけではステレオ化はできない仕様です。

*

本製品の主要ICについて調べていきます。

● メインプロセッサ AS19AP21243

AS19AP21243のパッケージ

"JL"のロゴより中国製の「Bluetooth」や「WiFi」のチップセットでよく使われている「珠海市杰理科技股份有限公司」(ZhuHai JieLi Technology,http://www.zh-jieli.com/)製の「LSI」であることは分かります。

しかし、パッケージのマーキングの「AS19AP21243」という型番は製造元の製品一覧には存在せず、情報も一般には公開されていません。

そこで同じメーカーで機能的に近い「AC6905A」とプリント基板の結線情報を元に回路図を起こしました。

参考にした「AC6905A」のデータシートは以下より入手可能です。

https://bit.ly/2kZzWcM

メインの「アプリケーション・プロセッサ」の主な機能は、以下のようになっています。

・「Bluetooth V5.0」サポート
・2チャンネルのオーディオ出力(本製品では1チャンネルのみ使用)
・1チャンネルのMIC入力

・キー入力用「ADC」（出力としても使用可）
・「LDO」を内蔵し必要な電源を生成（外部出力ピンあり）
・「USBメモリ」「SDカード」からのデコード
・「マイクロUSB」からの充電時の保護機能（推測）

● 充電制御IC LPSBL9C1

LPSBL9C1のパッケージ

　パッケージに表示された「LPS BL9C1」という型番で検索したのですが、ヒットするものはなく製造元の特定はできませんでした。

　そのためプリント基板の結線情報と機能・形状（SOT-23）を元に調査。
　その結果、「Analog Drvices, Inc」（https://www.analog.com/jp/index.html）の1セル・リチウムイオン・バッテリ用の定電流/定電圧リニア・チャージャ「LTC4054L-4.2」の互換品と判明しました。

　「LTC4054L-4.2」のデータシートは以下より入手可能です。

https://bit.ly/2uBuxgr

● オーディオ・パワーアンプ HAA8002B

HAA8002Bのパッケージ

　「HAA8002B」は「深圳市正芯科技有限公司」（Shenzhen Zhengxin Technology, http://www.pluschiptech.com/enindex.htm）製の2.25W@4Ωまで出力可能な「AB級

オーディオ・パワーアンプ」です。概要は以下に公開されています。

https://bit.ly/2RoeyLR

「8002」という型番の「オーディオ・パワーアンプ」は中国製ガジェットではよく使われており、複数の会社から互換品が出ています。

「8002」のデータシートは、以下より入手可能です。

https://bit.ly/2RI3jww

このデータシートは、同じものが複数の会社の「8002」のものとして配布されていました。

ある意味非常に効率が良いと感心しました。（もちろん独自で準備している会社もあります）

■ Bluetooth接続の確認

●スマートフォンでの確認

今回も、Android版の"Bluetooth Scanner"というアプリを使用しました。

Bluetooth Scanner

本機の電源をいれると"SR9910"という名前で検出されるので、ペアリングしアプリで接続情報を確認すると、プロファイルは「Headset」、プロトコルは「Classic（BR/EDR）」で接続されています。

本機の接続情報

●Windows PC での確認

「Windows10」(64bit)搭載のPCとペアリングをすると「Bluetoothヘッドセット」として認識されます。

入力デバイスとしても選べるので通話用のマイクとしても使えます。

「AVRCP」(Audio/Video Remote Control Profile)もサポートしていますので、本機からPC本体の制御が可能です。

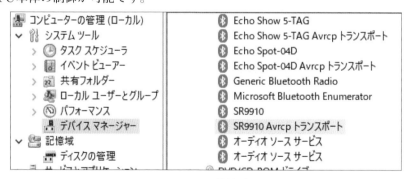

Windows10での接続プロトコル

ヘッドセットとして認識

＊

　メインボードのパターンレイアウト、回路構成ともに「LSIのサンプルアプリケーション」に近い設計となっています。

　空きパターンの結線を見ると「ステレオとしての設計をミスした基板をモノラルとして販売」としている可能性も考えられます。
　しかし、販売価格（税別500円）を実現するために割り切ったのならば、顧客目線としても「あり」だと思います。

　100均のガジェットを分解していると、"ZhuHai JieLi"のように「中国以外ではほとんど知られていないが、中国では多くの製品に使われている部品メーカー」をたびたび見掛けます。

　また、今回の「LPS BL9C1」「HAA8002B」のように機能・パッケージが完全互換のものが複数の部品メーカーで作られているのもよく見かけます。
　いわゆる「セカンド・サードソース」が自然発生し競争することでコストが下がっていくという構図が見えてきます。

　これらの競争の中から、次の「Mediatek」や「Qualcomm」のような会社が産まれてくるのかもしれません。

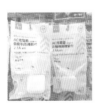

第**3**章

PC周りのガジェット

「ワイヤレス・マウス」「USB Hub」「USBタッチセンサ・ライト」といった、PC周辺のガジェットを分解します。

3-1 ワイヤレス・マウス

ダイソーで見つけた300円(税別)の「ワイヤレス・マウス」を分解してみました。

■ 低価格の「ワイヤレス・マウス」登場

「平成」も残すところ3か月余りとなった2019年2月の初旬。

SNSで「ダイソーに300円(税別)のワイヤレス・マウスが登場した！」との情報が流れてきました。

マウス自体はそれほど高くないのですが、ワイヤレスの新品で、この値段は、やはり驚きです。

さっそく購入して分解してみました。

展示の様子

■ パッケージ

今回は、フラットな「鏡面タイプ」を購入しました。

＊

スタンダードな「3ボタンタイプ」で、無線方式は「Bluetooth」ではなく、PCの「USBポート」に「ドングル」を挿して使う、「2.4GHz帯」の専用方式となっています。

ホイールの近くにあるボタンは、「感度」(DPI)の切り替えとなっています。

パッケージの裏面右上には、「技適番号」の表示があり、日本語と英語が併記されています。

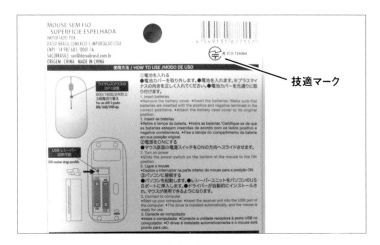

パッケージ裏面

製品裏面の電池ケースの蓋にも、「技適番号」のシールが貼ってあります。

本体裏面の「技適マーク」

■ 本体の分解

●外装の分解

マウス部分を分解していきます。

マウスを裏返すと、底面に1個、電池ケースの中に1個の、計2個の「ビス」があります。
これらを外すと、マウス上部を簡単に開けることができます。

内部は、主に「基板」と「導光用の透明な成形品」「ホイール部」のみと、大変シンプルな構成です。

「電池ケース」は、「底板」と一体になっています。

「電池ボックス」と「基板」との接続部は「コネクタ」となっており、シンプルで分解しやすい構成になっています。

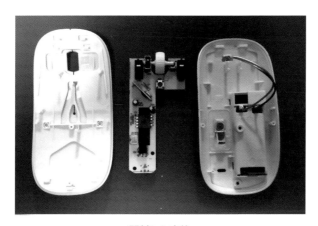

開封した本体

＊

　「プリント基板」は、片面紙フェノール製の「ベース基板」に、高周波を扱う無線部分の「両面ガラスエポキシ基板」を差し込んで、ハンダ付けしてありました。

　コストを抑えるために、高価な「ガラスエポキシ基板」は最小限となるように工夫されています。

＊

　無線通信用のチップは、黒い「樹脂モールド」で覆われた「ベア・チップ」を実装(パッケージを使わず、シリコンの「ダイ」を直接基板に実装し、配線する実装方法)しています。

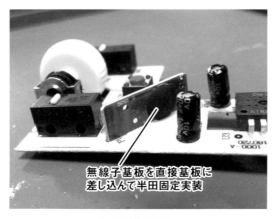

無線子基板を直接基板に
差し込んで半田固定実装

無線基板の実装

●プリント基板上の部品

図は、「ベース基板」の部品面と半田面の写真です。

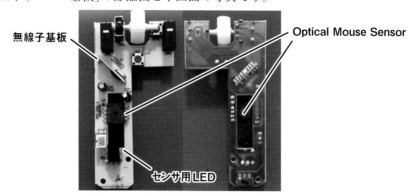

プリント基板上の主要部品

基板は少ない部品でシンプルに構成されています。

・Optical Mouse Sensor
・無線回路子基板
・センサ用LED（目視では「赤」）
・マウスボタン用スイッチ
・ホイール用 インクリメンタル・エンコーダ
・電解コンデンサ（2個）
・電源スイッチ（ハンダ面に実装）

●Optical Mouse Sensor

「Optical Mouse Sensor」は「OM15S」とマーキングがありますが、Web検索でこの型番は発見できませんでした。

パッケージの「ピン数」と「機能」より「Avago Technologies」（Broadcom）の「ADNS-2610」の互換品だと思われます。

*

裏面の「基板パターン」を見ると、1、2ピンはパターンに接続されておらず、「Oscillator」は、センサ自体に内蔵されているようです。

そのほかのピンは、「ADNS-2610」と互換になっています。

Pinout of ADNS-2610 Optical Mouse Sensor

Pin Number	Pin	Description
1	OSC_IN	Oscillator input
2	OSC_OUT	Oscillator output
3	SDIO	Serial data (input and output)
4	SCK	Serial port clock (Input)
5	LED_CNTL	Digital Shutter Signal Out
6	GND	System Ground
7	VDD	5V DC Input
8	REFA	Internal reference

Figure 1. Mechanical drawing: top view.

「ADNS-2610」のピンレイアウト

■ ワイヤレス・マウス用チップセット

　無線用のチップについては、送受信でペアになるため、「USBレシーバ」と合わせて確認していきます。

●マウス側：無線子基板

　「無線回路基板」は、「0.8mm厚」の「両面ガラスエポキシ基板」です。

　「ベア・チップ」実装の「コントローラ・チップ」と、「16MHz」の「水晶発振子」と「セラミック・コンデンサ」で構成されています。

　基板の端面には、無線用の「アンテナ・パターン」が、周囲のパターンから距離を確保する形で両面に配置されています。

　上述した「Optical Mouse Sensor」の制御信号（SDIO/SCK）も、この基板に接続されています。

無線子基板

●USBレシーバ側：ドングル基板

　「USBドングル」に内蔵されている無線基板は、「0.6mm厚」の「両面ガラスエポキシ基板」です。

　こちらもマウス同様に、「ベア・チップ」実装の「コントローラ・チップ」と、「16MHz」の「水晶発振子」と「セラミック・コンデンサ」「抵抗」で構成されています。

　「USBコネクタ」も、基板上にパターンで形成されています。

　基板の上端面には、マウス同様に無線用の「アンテナ・パターン」が周囲のパターンから距離を確保する形で両面に配置されています。

ドングル基板

●使われている「チップセット」

　使われている「チップセット」を調査するために、「USBドングル」をPCに接続して、Microsoftから提供されている「USBView」で、「USB descriptor」の情報を確認しました。

https://docs.microsoft.com/ja-jp/windows-hardware/drivers/debugger/usbview

```
         ---===>Device Information<===---
English product name: "Wireless Receiver"

ConnectionStatus:
Current Config Value:           0x01   -> Device Bus Speed: Full (is not SuperSpeed or higher capable)
Device Address:                 0x03
Open Pipes:                     2

         ===>Device Descriptor<===
bLength:                        0x12
bDescriptorType:                0x01
bcdUSB:                         0x0110
bDeviceClass:                   0x00   -> This is an Interface Class Defined Device
bDeviceSubClass:                0x00
bDeviceProtocol:                0x00
bMaxPacketSize0:                0x08 = (8) Bytes
idVendor:                       0x248A = TeLink Semiconductor (Shanghai) Co., Ltd.
idProduct:                      0x8514
bcdDevice:                      0x0100
iManufacturer:                  0x01
     English (United States)  "Telink"
iProduct:                       0x02
     English (United States)  "Wireless Receiver"
iSerialNumber:                  0x00
bNumConfigurations:             0x01
```

USBデバイス情報(抜粋)

　「USB descriptor」の「idVendor」より「TeLink Semiconductor (Shanghai) Co, Ltd.」製のチップだということが分かります。

　「TeLink Semiconductor」のWebサイトで該当する「チップセット」は、「TLSR8510 & TLSR8513」となります。

　「DICE」(ベア・チップ)でも提供しているので、ほぼ間違いはなさそうです。

https://bit.ly/38UJOYW

*

　「ブロック図」より、マウス側(I2C有)が「TLSR8510」、ドングル側(USB有)が「TLSR8313」だということが分かります。

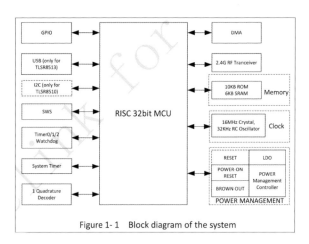

Figure 1- 1　Block diagram of the system

ブロック図

■「シリコン・チップ」の観察

　今回は、「ベア・チップ実装」の「モールド」を「ダイヤモンド・ヤスリ」と「カッター」で削って、チップ自体を顕微鏡で観察してみました。

●マウス側：TLSR8510

　「モールド」を削って、チップ（TLSR8510）を露出させました。
チップは、45度傾いて実装されています。

露出した「TLSR8510チップ」

　これを顕微鏡で拡大して、写真を「TLSR8510」の「datasheet」の「Reference Bonding Diagram」に重ねてみました。

　端子の配置より、ブロックの配置を推定すると、右半分の大きい部品が「無線・電源」のブロックで、「無線チップ」らしく「コイル」が3個あります。
＊
　左半分の密度の高い部分は、「マイコン」などの「ロジック回路ブロック」です。

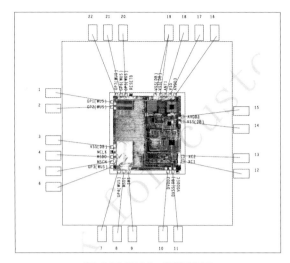

「TLSR8510」の顕微鏡写真

●USBレシーバ側:TLSR8513

こちらも「モールド」を削って、「チップ」(TLSR8513)を露出させました。

露出した「TLSR8513チップ」

*

こちらも顕微鏡で拡大し、「TLSR8510」と同様に重ねてみました。

「TLSR8510」と同じく、「コイル」が3個あり、ブロック構成も一部異なりますが、かなり共通する部分があります。

「TLSR8513」では、左上の「GPIO」系の「Pad」がなくなり、左下の「ロジック回路ブロック」の近くに、「USB」の「DP/DM」が配置されています。

「USB」は「Full-Speed Mode」(12Mbps)までのサポートなので、専用の「アナログ回路」(USB PHY)ではなく、「ロジック回路」で構成されているようです。

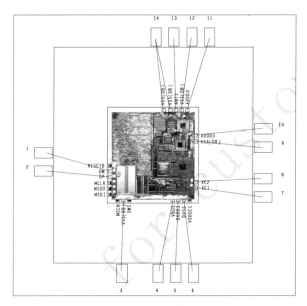

「TLSR8513」の顕微鏡写真

*

「Optical Mouse Sensor」と「無線チップセット」は、一般的なものを使っています。

基板構成によるコストダウンもできており、無線のアンテナ部分のパターンもきちんと配慮されています。

外装の成形品の質感は別として、"電子回路としては"良い意味で"普通の「ワイヤレス・マウス」"です。

これで324円であれば、通常使用だけではなく、分解や改造して、自作機器に組み込むなどの用途で購入しても、面白いと思います。

3-2　USB Hub

100円ショップのガジェットを分解する企画です。

今回は、ダイソーで100円（税別）で買える「USB Hub」を分解しました。

■ ダイソーの「4ポートUSB Hub」

2019年の夏ごろから、ダイソーで100円（税別）の「4ポートUSB Hub」が販売されはじめました。 継続して販売されていることもあり、今回はこれを分解してみました。

展示の様子

■ パッケージ

パッケージは「ブリスター・パック」です。

台紙の表面には「2.0対応」と記載があり、裏面には「MADE IN CHINA」の記載があります。

「使用上の注意」は4か国語で記載されており、特に「USB Hub」の機能その他の記載もなければ、「USBロゴマーク」もないので、「USB認証」を取得しているかは不明です。

> ※ちなみに、USBの規格認証は必須ではないので、販売するのには、法律上の問題はありません。

パッケージ

■ 本体の分解

●外装の分解

外装は、プラスチック成型品のハメ込みになっており、簡単に分解できます。

外装を外すと、中は「片面紙フェノール」の基板1枚の構成で、コネクタ以外の部品は裏面に実装されています。

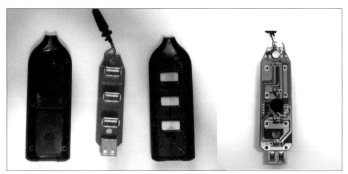

開封した本体

プリント基板の裏面には、「樹脂モールドされたチップ」と「抵抗」「コンデンサ」各1個が実装されているのみという、非常にシンプルな構成になっています。

「USBコネクタ」のシェル（外側の金属）は5か所すべて基板へのハンダ付けがされていません。

パターンはあるので、ハンダ忘れの可能性はありますが、実装としては好ましくありません。

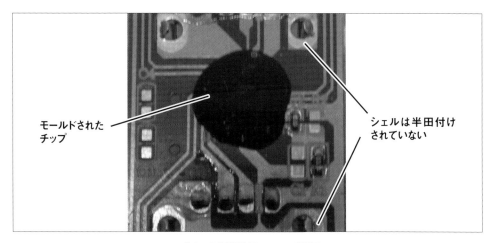

モールドされた
チップ

シェルは半田付け
されていない

プリント基板裏面のチップ部品

●使われているケーブル

　基板に直接ハンダ付けされているケーブルは、「"シールドなし"のツイスト・ペア
ケーブル」(Unshielded Twist Pair、UTP)です。

　「USB2.0」の「High-Speed Mode」(480Mbps)では、「"シールド付き"のツイスト・
ペアケーブル」(Shielded Twist Pair、STP)が要求されるため、「High-Speed Mode」
では動かない可能性があります。

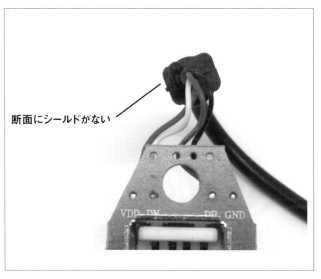

断面にシールドがない

使われているケーブル

■ 使われているチップ

●USB情報の確認

　使われているチップを調査するために、「USBHub」をPCに接続して、「USBView」で「USB descriptor」の情報を確認しました。

https://docs.microsoft.com/ja-jp/windows-hardware/drivers/debugger/usbview

　「USB descriptor」の「idVendor」では、「0x0A05」(University of Kansas)となっています。

```
        ===>Device Descriptor<===
bLength:                     0x12
bDescriptorType:             0x01
bcdUSB:                    0x0200
bDeviceClass:                0x09  -> This is a HUB Device
bDeviceSubClass:             0x00
bDeviceProtocol:             0x00
bMaxPacketSize0:             0x08 = (8) Bytes
idVendor:                  0x0A05 = University of Kansas
idProduct:                 0x7211
bcdDevice:                 0x0100
iManufacturer:               0x00
iProduct:                    0x01
String Descriptor for index 1 not available while device is in low power state.
iSerialNumber:               0x00
bNumConfigurations:          0x01
```

USBデバイス情報(抜粋)

　Webサイトで検索したのですが、該当するチップは見つかりませんでした。

　Linux の「USB ID リスト」の最新版（2019.05.08, http://www.linux-usb.org/usb.ids）を確認したところ、「Vender ID = 0x0A05」は「Unknown Manufacturer」となっており、削除もしくは変更されたようです。

＊

　ここからは筆者の個人的見解なのですが、「USB View」で使っている認証取得リスト(Integrator's List)は2011年時点のものです。

　現在、「USB規格団体」(USB-IF)は一般公開をやめているため、最新情報は入手不可能です。

　ただし、後述しますが使っているチップ自体は2009年ごろのものなので、2011年の時点では「Vender ID」を取得しているはずです。

　不一致ということは、何か事情があったのでは、と考えられます。

＊

　もう1点、「USBView」で確認した内容で気になったのが、「Connection Status」です。

　「Device Bus Speed」が「Full」(12Mbps)となっており、「USB2.0」でサポートされた「High-Speed Mode」(480Mbps)で動いていません。

```
ConnectionStatus:
Current Config Value:          0x01    -> Device Bus Speed: Full
Device Address:                0x02
Open Pipes:                       1
```

Connection Status

　実際にこの「USB Hub」にUSBメモリを接続してベンチマークをしてみると、最大1MB/S（約8Mbps）程度となっており、USBのオーバーヘッドを考えると、「Full-Speed Mode」で間違いないようです。

USBメモリでのベンチマーク

●使われているチップの特定

　類似のチップ情報を調査した結果、使われているチップは中国の「迈科微电子（深圳）有限公司」からシリコン・チップで提供されている「MW7211」であることが分かりました。

　オフィシャルサイト（MICOV, http://www.micov.com.cn）は、日本からはアクセスできないのですが、以下に企業情報が載っています。

http://www.cjol.com/jobs/company-217456

　「MN7211」のデータ・シートは、以下から入手できます。

https://bit.ly/32nn01f

　データ・シートの日付は、「Nov. 2009」となっています。
　「2.产品特点」には、「内嵌 USB 2.0 全速 PHY」と記載されており、USB2.0ですが「Full-Speed Mode」までのサポートです。

規格上、「USB 2.0」は"Full-Speed Mode"までしかサポートしないデバイス（例：マウス・キーボードなど）も許容されているので規格違反ではありません。

●チップの「ブロック構成」と「回路図」

図は「MW7211」の「ブロック図」です。

「6 MIPS @ 12MHz」動作の「RISCプロセッサ」と「クロック発生器」「3.3V LDO」を内蔵しており、外部回路は電源のフィルタだけで動作する構成になっています。

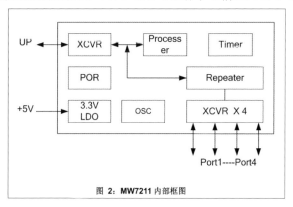

図 2：MW7211 内部框图

「MW7211」のブロック図

次に、「データ・シート」の記載を参考にプリント基板から作ったのが以下の回路図です。

LEDが接続されていないことを除けば推奨回路をそのまま使っています。

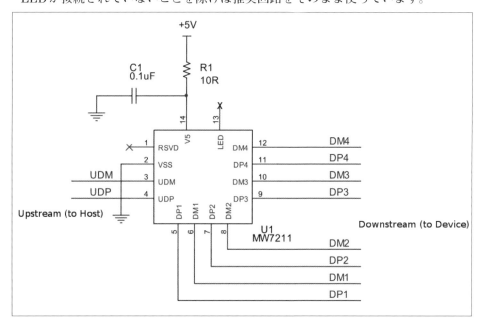

本機の回路図

■「シリコン・チップ」の観察

　今回もベア・チップ実装なので、「モールド」を「ダイヤモンドヤスリ」と「カッター」で削って、チップ自体を顕微鏡で観察してみました。

●USB Hubチップ「MW7211」

　モールドを削って、チップ（MW7211）を露出させました。
　チップサイズは、実測で「約1.5mm×1.5mm」です。

露出した「MW7211」チップ

　これを顕微鏡で拡大し、写真を「MW7211」のデータ・シートに記載されている「Pad情報」と重ね合わせてみます。

＊

データ・シートの「PAD配置」および「PAD座標」を、以下に抜粋します。

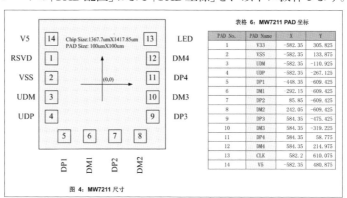

表格 6: MW7211 PAD 坐标

PAD No.	PAD Name	X	Y
1	V33	-582.35	305.825
2	VSS	-582.35	133.875
3	UDM	-582.35	-110.925
4	UDP	-582.35	-267.125
5	DP1	-448.35	-609.425
6	DM1	-292.15	-609.425
7	DP2	85.85	-609.425
8	DM2	242.05	-609.425
9	DP3	584.35	-475.425
10	DM3	584.35	-319.225
11	DP4	584.35	58.775
12	DM4	584.35	214.975
13	CLK	582.2	610.075
14	V5	-582.35	480.875

図 4: MW7211 尺寸

「PAD配置」および「PAD座標」

　これをベースに「PAD座標」をプロットし、「MW7211」のチップの拡大写真と重ねたのが以下の図です。

　実際のチップの「PAD位置」がきれいに一致しており、このチップが「MW7211」であることはほぼ間違いないことが確認できました。

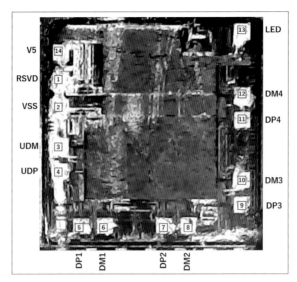

「MW7211」の顕微鏡写真

● 基板パターンへの接続の確認

今回は、各「PAD」のプリント基板パターンへの接続を確認しました。

以下はMW7211のPin機能の一覧です。。

表格 1：USB 接口管脚定义

管脚名称	I/O类型	PAD #	定义
		USB 接口	
UDP	B	4	上行口的USB信号
UDM	B	3	上行口的USB信号
DM1	B	6	下行口1的USB信号
DP1	B	5	下行口1的USB信号
DM2	B	8	下行口2的USB信号
DP2	B	7	下行口2的USB信号
DM3	B	10	下行口3的USB信号
DP3	B	9	下行口3的USB信号
DM4	B	12	下行口4的USB信号
DP4	B	11	下行口4的USB信号
VSS	P	2	地
V5	P	14	VBUS 5V输入电源
RSVD	-	1	保留。必须悬空

MW7211のPin機能

ベア・チップ実装の場合、一般の低価格なデバイスではチップの「PAD」からプリント基板への接続は、極細の「ワイヤー」で行ないます。

これを、「ワイヤボンディング」といいます。

今回削ったモールドの断面を見ると、プリント基板へ接続する「ワイヤー」の断面が残っているのが分かります。

これを、プリント基板のパターンの接続先と比べてみました。
「基板パターン」と「ワイヤー」の位置が、ほぼ一致しているのが分かります。

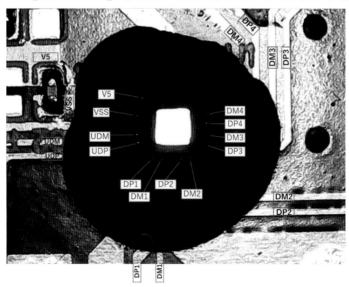

基板パターンへの接続

*

　今回の「USB Hub」は今までと少し違い、中国で生産した格安の製品の見本のような
結果となりました。

　すでに枯れた古いチップを使って、最低限のコストで作った、という感じがします。

・「USB 2.0対応」を記載しつつ、「High-Speed Mode」をサポートしていないことに対
　する記述がどこにもない。

・「Vender ID」が「University of Kansas」となっていて、チップベンダ（MICOV）と一致
　しない。

　「100円（税別）」という価格を実現するためには仕方がないかもしれないのですが、「"
High-Speed Mode"をサポートしない」という記述はどこかに入れておいてほしいと思
います。

　ただ、「USBメモリ」などを接続するのではなく、たとえば「マウス」や「キーボード」
などの「HID」を接続するのであれば、機能的には充分です。

　自分が必要とする用途に合わせて購入することをお勧めします。

3-3　USBタッチセンサ・ライト

100円ショップのガジェットを分解する企画です。
今回は、ダイソーの「USBタッチセンサ・ライト」を分解します。

■ ダイソーの「タッチセンサ」

ダイソーでは、さまざまな種類の「LEDライト」が100円(税別)で販売されています。

その中で、自動車の「シガーソケット用USBアダプタ」と組み合わせて使うことを想定した、「USBタッチセンサ・ライト」がありました。

100円(税別)で販売されるデバイスに組み込まれた「タッチセンサ」は、どのように構成されているのかに興味があり、さっそく購入して分解してみました。

■ パッケージ

パッケージは、一般的な「ブリスター・パック」です。
「LED」の発光色は、ダイソーの「SMD LED」によくある「イエロー」となっています。

＊

パッケージ裏面には、主な仕様と簡単な使用方法や注意事項の表示があります。

言語は「日本語」「英語」「ポルトガル語」の3か国語表記です。

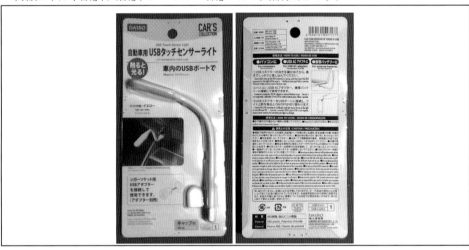

パッケージ

■ 製品の外観

図は、パッケージから出した状態です。

*

曲げられるようになっている「アーム」の部分は、柔らかいゴム状の樹脂になっています。

また、「発光部(LED)」は半透明の樹脂で覆われています。

「発光部」の裏面にある「タッチセンサ」部分は、電極などではなく、通常の「プラスチック」で覆われています。

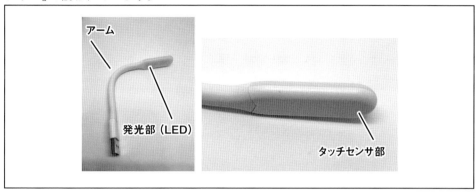

製品の外観

■ 本体の分解

●外装の分解

外装を分解して、「制御基板」を取り出します。

*

「制御基板」部分の外装の樹脂は、プラスチックのはめ込みになっています。

カッターなどを隙間に差し込んで、樹脂を外していきます。

樹脂を分離した状態が、図になります。

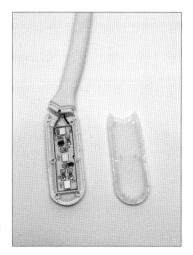

樹脂を分離した状態

　基板の裏面は、タッチセンサ用の「パターン」のみで、タッチ部分に丸く「シルク」の表示があります。

基板裏面のタッチセンサ部

●プリント基板上の実装部品

　内部の「プリント基板」の表面に実装されている主要部品は、以下のものです。

・面発光LED 3個

・タッチコントロール用IC

・LEDドライブ用FET

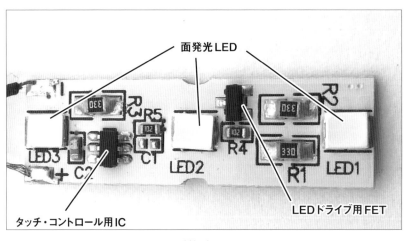

基板表面

■ 回路図

「プリント基板」から、「回路図」を起こしました。

非常にシンプルな回路構成となっています。

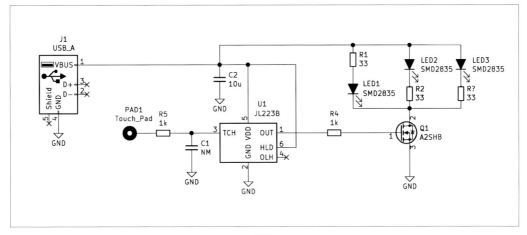

回路図

■ 主な部品

●面発光LED

回路図の「LED1～3」は、「面発光タイプ」の「2835サイズLED」(2.8mm x 3.5mm)で、「Warm White」のものが3個搭載されています。

面発光LED

33 Ωの「電流制限抵抗」を経由して、「FET」1個で3個まとめてドライブされています。

抵抗「33 Ω」経由で、USBの「VBUS (5V)」に接続して使っています。

　そのため、Ailexpressで販売されている「VF=3V/0.2W」(https://ja.aliexpress.com/item/32997830871.html)に相当するものだと推定されます。

　同等品の「データ・シート」は、以下から入手できます。

https://bit.ly/2PLniw8

＊

　「ドライブ電流」は「(5V-3V)/33 Ω ≒ 60.6mA」で消費電力は「約0.18W」と、ほぼ定格で使っています。

●タッチ・コントロール用IC

　回路図の「U1」は、「タッチ・コントロール用IC」です。

　パッケージの表面には、「JL223B」の表示があります。

タッチ・コントロール用IC

　これは、中国深圳市の「集領电子有限公司」の「JL223B単键触摸开关 (1KEY TOUCH PAD DETECTOR IC)」(http://jldz168.com/?c=msg&id=58) です。

　「データ・シート」は、以下から入手できます。

http://jldz168.com/?c=download&id=97

＊

　本機では、「データ・シート」の「応用回路」を、ほぼそのまま使っています。

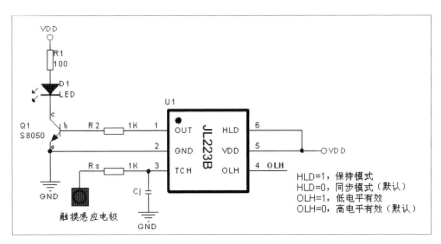

JL223B_応用回路

「OLH端子」は、「出力モード選択」でタッチ検出時の「OUT端子」の出力の「極性」を選びます。

「L」(デフォルト)で「High出力」に、「H」で「Low出力」となります。

「HLD端子」は、「ホールド/同期モード選択」です。

「L」(デフォルト)で「同期モード」(タッチ検出期間だけOUT出力)に、「H」で「ホールドモード」(タッチ検出のたびにOUTをトグル)となります。

回路図の設定では、「起動時はLow出力=LED OFFでタッチするたびにLEDのON<->OFFを切替」という動作になります。

■ LED ドライブ用FET

回路図の「Q1」は、「LEDドライブ用FET」です。

パッケージの表面には、「A2SHB」の表示があります。

LEDドライブ用FET

これは、NチャネルMOSFET「SI2302」で、Ailexpressでは複数のメーカーより同等品が販売されています。

　日本の秋葉原にあるパーツショップ「aitendo」でも取り扱っており (http://www.aitendo.com/product/10781)、かなり一般的に使われています。

　「データ・シート」は、以下から入手できます。

https://bit.ly/2N44bwB

＊

　今回の使用条件 (Vgs ≒ 5V, Ids ≒ 180mA) に対して、最大電流「2.3A」、ON抵抗「70mΩ」(typ.) と、充分な余裕がある設計となっています)。

Maximum Ratings and Thermal Characteristics (TA = 25oC unless otherwise noted)				
Parameter		Symbol	Limit	Unit
Drain-Source Voltage		V_DS	20	V
Gate-Source Voltage		V_GS	±8	
Continuous Drain Current		I_D	2.3	A
Pulsed Drain Current [1]		I_DM	8	
Maximum Power Dissipation [2]	TA = 25°	P_D	1.25	W
	TA = 75°C		0.8	

ELECTRICAL CHARACTERISTICS						
Parameter	Symbol	Test Condition	Min.	Typ.	Miax.	Unit
Static						
Drain-Source Breakdown Voltage	BV_DSS	V_GS = 0V, I_D = 10uA	20			V
Drain-Source On-State Resistance [1]	R_DS(on)	V_GS = 4.5V, I_D = 3.6A		70	85	mΩ
		V_GS = 2.5V, I_D = 3.1A		85	115	
Gate Threshold Voltage	V_GS(th)	V_DS =V_GS, I_D = 250uA	0.6			V
Zero Gate Voltage Drain Current 0	I_DSS	V_DS = 16V, V_GS = 0V		1		uA
		V_DS = 20V, V_GS = 0V TJ=55°C			10	
Gate Body Leakage	I_GSS	V_GS = ± 8V, V_DS = 0V			±100	nA
Forward Transconductance [1]	g_fs	V_DS = 5V, I_D = 3.6A		10	—	S

「SI2302」のスペック (抜粋)

＊

　「100円 (税別)」という販売価格で、「タッチセンサ機能」を実現する設計はどのようなものかと分解しました。

　結果は、「必要最低限の構成で専用ICを使う」という"正当な設計"となっていて、今回もいい意味で期待を裏切ってくれました。

＊

　基板上の「タッチ・コントロールIC」を使い、「FET」の「ベース抵抗」を外して「マイコン・ボード」へ接続すれば、簡単にタッチ検出ができます。

　「HLD端子」のピンを浮かせることで、タッチ検出時のモード変更も簡単にできます。

　電子工作の素材としても、非常に使いやすい構成になっています。

＊

　このレベルの製品が、中国の現地で調達できる部品を使うことによって、この価格 (100円税別) で販売できる環境——筆者のようなモノ作りをする人間としては、純粋にうらやましい環境だと、強く感じています。

索　引

記号・数字

《記号》

(株) E Core	47
＋3.7V 300mAh	67

《数字》

0x0A05	94
108円LED電球	8
12uF/200V	12
16MHｚ	86
1N4007	20
1次側回路	40
2.4GHｚ帯	82
2835High Voltage LED	14
2ch N-CHANNEL POWER MOSFET	54
2ch POWER MOSFET	50
2次側巻線	40
2次側回路	40
3.7V 500mAh	74
307-0025 VER21	40
3ボタン	82
4WAYキッチンタイマー	26
4ポートUSB Hub	91
500円モバイルバッテリ	47
9003A H8090	13

アルファベット順

《A》

AB級オーディオパワーアンプ	77
AC1716AP	69
AC6919A	62
AC入力	41
ACプラグ	39
AC全波整流用	10
AC全波整流用プラグ	18
ADNS-2610	85
Analog Drvices, Inc	77
Anode	20
Apple Devices fast charging	44
AS19AP21243	76
Audio/Video Remote Control Profile	79
Avago Technologies	85
AVRCP	79

《B》

BC1.2	56
BLE	57
BLE	65

《B》（続き）

Bluetooth	57
Bluetooth 2.1+EDR	65
Bluetooth 4.1+EDR	57
Bluetooth 5.0	71
Bluetooth Low Energy	57,65
Bluetooth Scanner	63,78
Bluetooth V5.0	76
BP5131S	13
Bright Power Semiconductor	13
BT earphone	63
BTアンテナ	60

《C》

Cathode	20
CdS セル	21
CEM-3	40
Classic	78
Connection Status	94

《D》

Dark resistance	22
DCP	51
Dedicated Charging Port	51
Device	51
DO-41 パッケージ	20
DoE Level 6 /CoC V5 Tier2	43
DPI	82
dVendor	87
DW01KA	53

《E》

EDR	63

《F》

FGKLB08K	12
FR-4	60,67,74
FT8783Nx	43
Full-Speed Mode	89

《G》

G600　600X USB 顕微鏡	34
Gate電圧	20
GL5228	21
GNDパターン	50
GPIO	89
GTT8205S	54

《H》

HAA8002B	77
Headset プロファイル	63
High-Speed Mode	93
Host	51

HS-GM-X32_V4.0 ·· 75
HX1188 ·· 32

《J》

JH10932 ··· 31
JL ·· 69
JL223B ··· 104

《K》

Kcd Korea Semiconductors ·························· 22

《L》

LDO ··· 29
LDO_IN 端子 ·· 61
LED ··· 60
LED 電球 ··· 8
LED ドライバ ··· 10
LED ドライブ用 FET ···································· 102
LED 表示機能 ··· 52
Light resistance ······································ 22
LiPo ·· 49
LiPo バッテリ ··· 58
LSI ·· 60
LTC4054L-4.2 ·· 77

《M》

MB10F ··· 42
MBS シリーズ ··· 12
Mediatek ·· 80
Micro USB-B ·· 51
microSD カード ·· 71
MicroUSB コネクタ ······································ 60
MIC 入力 ·· 76
Motorola Semiconductor ···························· 21
MW7211 ·· 95

《O》

OLH 端子 ·· 105
OM15S ·· 85
ON Semiconductor ···································· 12
Optical Mouse Sensor ······························ 85
Oscillator ··· 85

《P》

PAD 座標 ·· 97
PAD 配置 ·· 97
PANJIT Semi Conductor ···························· 21
PCB ··· 10
PCR606J ··· 22
PNP トランジスタ ·· 69
PSE ··· 15
PSE マーク ·· 9

《Q》

Qualcomm ·· 80

《R》

Reference Bonding Diagram ························ 88

《S》

S8550 ··· 69
Samsung Galaxy Tab Devices fast Charging · 44
SCR ··· 20
SDIO/SCK ·· 86
SD カード ·· 71
SD カードスロット ·· 74
SD スロット ··· 75
SEL 端子 ·· 44
SHENZHEN NSIWAY TECHNOLOGY ··········· 69
SI2302 ·· 105
Silicon Controlled Rectifiers ······················ 22
SMD LED ··· 100
SMD2835 ··· 14
SOT-23 ··· 77
SP4566 ··· 52
SS14 ·· 69
STP ··· 93
Straw hat LED ·· 24

《T》

TeLink Semiconductor（Shanghai）Co,LTD ···· 87
TLSR8313 ·· 87
TLSR8510 ·· 87
TLSR8510 ·· 88
TO-92 ··· 22

《U》

UC2635 ··· 44
Unknown Manufacturer ······························ 94
Unshielded Twist Pair ································ 93
USB BC1.2 ··· 44
USB descriptor ·· 87
USB Hub ·· 91
USB PHY ··· 89
USB-IF ·· 94
USBView ··· 87
USB 規格団体 ··· 94
USB ケーブル ··· 58
USB 出力用電解コンデンサ ···························· 40
USB 出力用電解コンデンサチャージエミュレータ ····· 41
USB タッチセンサ・ライト ··························· 100
USB チャージャエミュレータ ·························· 44
USB ドングル ··· 86
USB 認証 ·· 91
USB メモリ ··· 71
USB レシーバ ··· 86

UTP ································· 93

《V》

VBUS ピン ························ 69
Vender ID ······················ 94
VF＝3V/0.2W ··················· 104

《W》

WEJ LIGHTING TECHNOLOGY CO.,LTD ······ 24

《X》

XL-165-AC6919Λ V2.0A ··············· 60

《Y》

YD/T 1591-2009 Charging Spec ·········· 44
Y キャパシタ ······················ 40

《Z》

ZhuHai JieLi Technology ·············· 69

五十音順

《あ行》

あ 明るい環境での抵抗値 ················ 22
　 アキシャルリード ·················· 20
　 空きパターン ····················· 75
　 アプリケーションプロセッサ ············· 62
　 アルミ・ダイキャスト ················ 11
　 アルミ基板 ······················ 10
　 アンテナパターン ·················· 86
い 板状逆 F アンテナ ·················· 76
　 異方性誘電ゴム ··················· 30
　 インクリメンタル・エンコーダ ··········· 85
え 液晶パネル ······················ 28
　 液晶パネル接続端子 ················· 28
　 エコシステム ···················· 46,64
お オーディオ出力 ···················· 76
　 オーディオパワーアンプ ··············· 78

《か行》

か 角度検出スイッチ ·················· 28
　 過充電解除 ······················ 53
　 過充電検出 ······················ 53
　 片チャンネル ····················· 76
　 片面紙フェノール ·················· 84,92
　 片面ガラスエポキシ基板 ··············· 17
　 カッター ························· 97
　 過電圧保護 ······················ 52
　 過電流保護 ······················ 53
　 過放電解除 ······················ 53

　 過放電検出 ······················ 53
　 ガラスエポキシ ··············· 18,60,67,74
　 ガラスエポキシ基板 ················· 84
　 ガラスコンポジット ················· 40
　 間欠発振動作 ····················· 46
　 感度 ··························· 82
き キー入力ピン ····················· 75
　 技適番号 ························· 82
　 輝芒微电子（深圳）有限公司 ············· 42
　 黄紫銀金 ························· 12
　 逆方向電圧 ······················ 69
　 鏡面タイプ ······················ 82
　 勤益電子股份有限公司 ················ 54
　 暗い環境での抵抗値 ················· 22
け 検出用巻線 ······················ 41
こ 高速充電 ························· 48
　 小型スピーカ ····················· 68
　 コンデンサマイク ·················· 58,74
　 コントローラ ····················· 28
　 コントローラチップ ················· 86

《さ行》

さ サーミスタ ······················ 28
　 サーミスタ・ブザー ················· 29
　 サイリスタ ······················ 20
し シールド付きのツイストペアケーブル ········ 93
　 シールドなしのツイストペアケーブル ········ 93
　 シガーソケット用USBアダプタ ··········· 100
　 室温検出用サーミスタ ················ 33
　 自動判別機能付USB充電器 ·············· 38
　 充電制御IC ······················ 74
　 充電専用ポート ··················· 51
　 充放電制御 ······················ 52
　 充放電制御IC ····················· 50
　 集领电子有限公司 ·················· 104
　 樹脂モールド ····················· 84
　 出力電流-電圧特性 ················· 45
　 昇圧出力 ························· 52
　 昇圧用インダクタ ·················· 50
　 照度センサ ······················ 18
　 ショットキーバリアダイオード ··········· 69
　 シリコンチップ ··················· 34
　 シルク ·························· 102
　 深圳盈胜微电子有限公司 ··············· 42
　 深圳天源中芯半导体有限公司 ············ 52
　 深圳市正芯科技有限公司 ··············· 77
　 深圳市华之美半导体有限公司 ············ 53
　 深圳市凯高樟科技有限公司 ·············· 24
　 振動モータ ······················ 68
す 水晶発振子 ······················ 33,86
　 スイッチコネクタ ·················· 75
　 珠海市杰理科技股份有限公司 ············ 62
　 珠海市杰理科技股份有限公司 ············ 76
　 スリット ························· 41

スルーホール ························50
せ 制御基板 ···························49
　整流ダイオード ·····················41
　セグメント液晶 ·····················30
　絶縁距離 ···························14
　絶縁ゴム ···························30
　絶縁シート ·························40
　絶縁トランス ·······················15
　設定用プッシュスイッチ ··············28
　セラミックコンデンサ ················86
　センサ用LED ·······················85
　センサ付きナイトライト ··············15
　全波整流 ···························20

《た行》

た ダイヤモンドヤスリ ·················97
　タッチコントロール用IC ··············102
　タッチセンサ ······················100
　短絡電流 ···························53
ち 直流順方向電流 ·····················69
つ 通信対応ケーブル ···················56
て 抵抗 ······························86
　定電流ドライバIC ···················13
　デバッグ端子 ·······················29
　テラ・インターナショナル(株) ·········39
　電解コンデンサ ··················20,85
　電球 ·······························8
　電気用品安全法 ·····················47
　電気用品安全法適合品 ···············15
　電源スイッチ ·······················85
　電源制御IC ·························41
　電源トランス ·······················40
　電源用レギュレータ ·················29
　電子負荷 ···························45
と トイドローン ·······················67
　導電性ゴム ·························30
　特定電気用品以外の電気用品 ··········9
　トラッキング火災 ···················16
　ドングル ···························82
　ドングル基盤 ·······················87

《な行》

ね 熱収縮チューブ ·····················12

《は行》

は パターン ···························19
　パターンアンテナ ···················75
　バッテリ保護IC ·····················50
　バッテリ保護動作 ···················54
　ハトメ ····························19
　はめ込み式 ·························73
　パラレル34ピン ·····················29
　パワー・ダイオード ··················21

パワーアンプ ·······················74
　ハンダ盛 ···························41
ひ ピン機能 ···························98
ふ フィードバック端子 ··················41
　ブザー ····························28
　ブリスターパック ················15,91
　ブリッジ整流用電解コンデンサ ·········40
　ブリッジダイオード ··················20
　ブリッジ整流ダイオード ··············10
　ブロック電解コンデンサ ··············10
へ ベアチップ ·························84
　ベタGND ···························50
　迈科微电子(深圳)有限公司 ···········95
ほ 放熱部 ····························10
　ポータブルBTスピーカー ·············71
　ポータブルタイプBluetoothスピーカー ···71
　保護回路 ···························74
　保護機能 ···························52
　保護ヒューズ ·······················40

《ま行》

ま マイクヘッド ·······················60
　マウスボタン用スイッチ ··············85
　マルチ機能ボタン ···················60
む 無線回路子基板 ·····················85
　無線子基板 ·························85
め メインプロセッサ ····················74
　面発光LED ·························102
も モノラル ···························68

《ら行》

ら ラジアル・リードパッケージ ··········21
り リチウムイオン電池 ··················49
　リチウムイオンポリマ ················58
　硫化カドミウム(CdS)セル ···········20
　両面ガラスエポキシ基板 ·············84
ろ ロジック回路ブロック ················88

《わ行》

わ ワイヤー ···························98
　ワイヤーボンディング ·············34,98
　ワイヤレスBTスピーカー ·············65
　ワイヤレスヘッドセット ··············57
　ワイヤレスマウス ···················82

[著者略歴]

ThousanDIY（山崎 雅夫 やまざき・まさお）

電子回路設計エンジニア。
現在は某半導体設計会社で、機能評価と製品解析を担当。
趣味は"100均巡り"と、Aliexpress でのガジェットあさり。

東京都出身、北海道札幌市在住（関東へ単身赴任中）
2016 年ごろから電子工作サイト「ThousanDIY」を運営中。
twitter アカウントは「@tomorrow56」

「主な活動」

Aliexpress USER GROUP JP (Facebook) 管理人
M5Stack User Group Japan のメンバー
月刊 I/O で「100 円ショップのガジェット分解」を不定期連載中

[著者ホームページ]

1000 円あったら電子工作「ThousanDIY」(Thousand+DIY)
https://thousandiy.wordpress.com/

質問に関して

本書の内容に関するご質問は、

① 返信用の切手を同封した手紙
② 往復はがき
③ FAX(03)5269-6031
　（ご自宅の FAX 番号を明記してください）
④ E-mail　editors@kohgakusha.co.jp

のいずれかで、工学社編集部あてにお願いします。
なお、電話によるお問い合わせはご遠慮ください。

サポートページは下記にあります。

[工学社サイト]
http://www.kohgakusha.co.jp/

I/O BOOKS

「100 円ショップ」のガジェットを分解してみる！

2020 年 3 月 1 日　第 1 版第 1 刷発行　ⓒ 2020	著　者　ThousanDIY
2020 年 3 月 25 日　第 1 版第 2 刷発行	発行人　星　正明
2021 年 8 月 25 日　第 1 版第 3 刷発行	発行所　株式会社 工学社

〒 160-0004 東京都新宿区四谷 4-28-20　2F
電話　　(03)5269-2041 (代) [営業]
　　　　(03)5269-6041 (代) [編集]
振替口座　00150-6-22510

※定価はカバーに表示してあります。

[印刷] シナノ印刷 (株)

ISBN978-4-7775-2101-2